(Le t. 1. est in-18.)

5020.

DE LA

PRESSION

DU

GAZ D'ÉCLAIRAGE

ET DES

MOYENS A EMPLOYER POUR LA RÉGULARISER

PARIS. — IMPRIMERIE GAUTHIER-VILLARS,

55, Quai des Grands-Augustins, 55.

DE LA
PRESSION

DU

GAZ D'ÉCLAIRAGE

ET DES

MOYENS A EMPLOYER POUR LA RÉGULARISER

PAR

H. GIROUD

IIᵉ PARTIE

TEXTE

PRIX : 3 FRANCS

PARIS

GAUTHIER-VILLARS, IMPRIMEUR-LIBRAIRE

DU BUREAU DES LONGITUDES, DE L'ÉCOLE POLYTECHNIQUE

SUCCESSEUR DE MALLET-BACHELIER

Quai des Grands-Augustins, 55.

1872

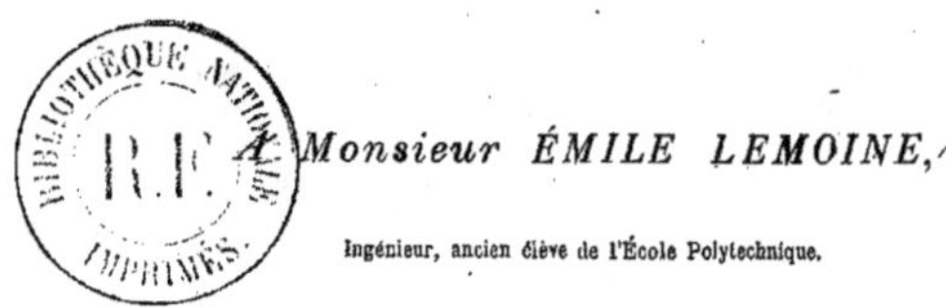

À Monsieur *ÉMILE LEMOINE,*

Ingénieur, ancien élève de l'École Polytechnique.

Bien cher Monsieur,

Je dois vous remercier de la part que vous avez prise à la deuxième partie de mon *Traité de la Pression.*

Non-seulement vous avez bien voulu vous charger d'introduire dans les parties de ce travail qui en étaient susceptibles la rigueur des démonstrations mathématiques ; mais encore — et c'est à cela que j'attache le plus de prix — mes idées ont reçu de votre concours une autorité scientifique à laquelle je ne pouvais prétendre en restant livré à moi-même.

Permettez-moi donc de me féliciter, à toutes sortes de titres, d'avoir rencontré un collaborateur tel que vous.

Recevez, je vous prie, mes salutations les plus affectueuses.

H. GIROUD.

Paris, 12 Juillet 1872.

TABLE DES MATIÈRES

DE LA

PRESSION

SECONDE PARTIE

DISTINCTION

DES TROIS CAS A ENVISAGER POUR LA RÉGULATION D'UN COURANT DE GAZ D'ÉCLAIRAGE.

Dans le traité publié par nous en 1867, nous nous sommes efforcé d'aborder par ses diverses faces le côté pratique de la régulation d'un courant de gaz d'éclairage, c'est-à-dire de déterminer les conditions en dehors desquelles un éclairage est toujours plus ou moins défectueux. — L'analyse méthodique des brûleurs a été le point de départ de cette étude ; et les *moyennes de variation* auxquelles cette analyse a abouti nous ont fourni les bases sans lesquelles nos recherches auraient pu manquer de sûreté.

Nous renvoyons à ce travail pour tout ce qui se rattache aux brûleurs, et nous nous bornons à exposer ici quelques réflexions qui peuvent servir à démontrer l'efficacité et l'utilité de notre *tuyau de retour*, parce qu'elles complètent et justifient notre théorie sur les deux modes distincts de fonctionnement des conduits au point de vue du régime de la pression.

Nous croyons aussi devoir faire connaître maintenant, par des dessins complets, les dispositions adoptées par nous pour chacun de nos appareils. — Ces dispositions résument les améliorations et les perfectionnements que nous n'avons pas cessé de rechercher pendant la période d'étude et d'expérimentation qui s'achève. A mesure que ces études nous ont conduit à un résultat satisfaisant, nous avons spécifié dans des brevets la forme particulière que doit

2

prendre le régulateur, selon que l'application en est faite à un courant de vapeur (1), d'eau, d'air, ou de gaz d'éclairage.

Il n'est question ici que des divers appareils applicables à ce dernier fluide.

Ces appareils se modifient selon qu'il s'agit :

1° De régler la dépense d'un seul brûleur ;

2° De régler *médiatement* l'alimentation d'un réseau desservi à distance par une usine ;

3° De régler *immédiatement* la pression dans la portion du réseau qui sert à un abonné.

On voit déjà, par cette simple énumération, combien les régulateurs à employer dans chacun de ces cas diffèrent par le but à atteindre ; il est facile de prévoir dès lors qu'ils doivent différer par leur construction.

Tous agissent sur le courant, et modifient le débit :

Les premiers, pour *limiter* dans tous les cas ce débit à *un volume déterminé* et constant : — ce seront des RÉGULATEURS RHÉOMÉTRIQUES ;

Les seconds, pour faire *varier le débit au départ de l'usine*, d'après les besoins du réseau : — ce seront des RÉGULATEURS D'ÉMISSION ;

Les troisièmes, pour *faire varier le débit du courant à son entrée chez l'abonné*, et maintenir par là chez ce dernier une pression constante, malgré les variations de la consommation : — ce seront des RÉGULATEURS DE CONSOMMATION.

Nous allons analyser brièvement chacun de ces cas de régulation, afin de faire ressortir les difficultés particulières à chacun d'eux. Nous décrirons ensuite les appareils propres à chaque cas.

1er CAS.

RÉGULATION D'UN COURANT DE GAZ DESTINÉ A ALIMENTER UN SEUL BRULEUR.

Nous venons de dire qu'ici le volume débité doit être rendu constant. Or, lorsqu'on ouvre un brûleur quelconque, placé sur un tuyau de distribution de gaz, il s'opère un écoulement dont la constance, au point de vue du volume, dépend de deux données principales :

La section de l'orifice de l'écoulement,

La pression agissant sur cet orifice.

Pour assurer la constance d'un débit, il faut donc qu'une pression, toujours la même, agisse sur un orifice invariable.

---

(1) Nous nous proposons de publier plus tard des renseignements sur nos régulateurs à vapeur. Pour le moment, il suffit de dire que de grandes fabriques les ont déjà adoptés. — Ces régulateurs agissent de deux façons distinctes. Les uns donnent un *volume variable* sous une tension constante ; les autres donnent un *volume constant* sous des tensions variant comme la résistance opposée à l'écoulement. — Dans tous, les pistons à rainures si bien construits par M. Deleuil nous ont permis d'arriver à des résultats que, sans cela, il eût été impossible d'obtenir.

Il ne suffirait pas, en effet, de se borner à rendre constante la pression aux brûleurs, car alors l'orifice du bec resterait l'un des éléments du jaugéage, et en changeant de bec on changerait de dépense.

Il ne suffirait pas mieux de songer à se procurer des becs ayant des orifices rigoureusement égaux, car alors ce seraient les variations de la pression qui amèneraient des changements de débit (1).

L'appareil régulateur doit donc, pour ce cas spécial, satisfaire aux deux conditions réunies ; en d'autres termes, il doit *à lui seul* déterminer la pression et porter l'orifice de jaugeage. Alors c'est lui qui mesure, et le bec se trouve ramené à son vrai rôle, qui consiste à fixer les conditions dans lesquelles s'opère la combustion du gaz, au moment de son mélange avec l'air atmosphérique (2). On voit maintenant pourquoi nous le désignons sous le nom de *régulateur rhéométrique*, ou *rhéomètre*.

Le rhéomètre résout les difficultés inhérentes au cas particulier que nous examinons.

1° Placé dans une lanterne, il fixe le volume qui sera dépensé avec un bec quelconque, sans que ce volume puisse être dépassé en aucun cas.

2° Pour les abonnés à l'heure, il fait cesser l'inconvénient de l'absence de compteur.

3° Il garantit à une municipalité la livraison du volume dû à chaque bec public, et supprime la plus grande des difficultés propres au marché d'éclairage.

4° Il permet à une ville, à un abonné, en un mot au consommateur *à l'heure*, de choisir les brûleurs qui, pour un volume donné, produisent le plus de lumière. — L'usine n'a plus intérêt à empêcher l'emploi des bons brûleurs à large fente, puisque, le volume étant jaugé, elle n'a plus à craindre les dépenses excessives que font ces brûleurs, sous l'influence des moindres variations de pression.

5° Chez les abonnés au compteur, il permet de fixer la dépense *à l'heure* de chaque bec.

6° Enfin, pour les usines, il place l'éclairage public et tous les autres abonnements *à l'heure* dans les mêmes conditions que si chaque bec était muni d'un compteur. Il introduit dès lors,

---

(1) Nous avons constaté souvent que des becs, tenus pour identiques parce qu'ils sont du même numéro, du même modèle et proviennent de la même fabrique, donnent cependant des dépenses différentes, lorsqu'on les soumet à une même pression. Ce résultat était facile à prévoir, car il est pratiquement impossible, avec les formes imposées par les exigences d'une bonne combustion, d'arriver à faire des brûleurs absolument identiques. Il est nécessaire, à ce point de vue, d'accepter la possibilité d'un écart de dépense de 1/10 entre les becs du même calibre.

(2) Dans une lettre adressée il y a longtemps au journal *le Gaz*, nous avons parlé d'expériences faites par nous pour mesurer la vitesse avec laquelle le gaz s'échappe des divers brûleurs pour pénétrer dans l'atmosphère. — Cette vitesse est de 6 à 8 mètres par seconde pour les bons brûleurs. Lorsqu'elle est moindre, la flamme n'est plus acceptable ; elle donne de l'odeur et de la fumée, en un mot la combustion est incomplète. — Avec les plus mauvais brûleurs la vitesse d'écoulement s'élève jusqu'à 30 et même 35 mètres par seconde ; et la chaleur produite est considérable. — Si l'on se rappelle que le pouvoir éclairant d'un même gaz est quatre fois plus grand avec les bons brûleurs qu'avec les mauvais, on est fondé à supposer que les variations de pouvoir éclairant sont inversement proportionnelles aux variations de la vitesse d'écoulement à l'air libre.

dans les comptes de rendement, un élément de certitude qui permet de déterminer rigoureusement la part revenant aux fuites de la canalisation.

2° CAS.

RÉGULATION D'UN COURANT DE GAZ DESTINÉ A ALIMENTER UN RÉSEAU ÉLOIGNÉ.

Pour établir dans un réseau un régime constant de pression, la première condition est que l'émission du volume de gaz venant de la source puisse être, instant par instant, égale à la dépense qui tend à se faire par les brûleurs.

Dans le traité déjà rappelé, nous avons tâché de démontrer la possibilité de ce genre d'alimentation ; nous décrirons ci-après (p.26) les dispositions adoptées en dernier lieu par nous pour les appareils destinés à réaliser cette situation, lorsque d'ailleurs certaines relations existent entre les diamètres des conduits d'un réseau, et la dépense que ces conduits sont appelés à faire. C'est sur ces relations que nous allons de nouveau entrer dans quelques détails.

Et d'abord précisons le problème à résoudre.

Nous disons qu'un courant de gaz d'éclairage est réglé si un brûleur étant posé en un point, la pression en ce point est constante et indépendante de l'allumage ou de l'extinction des autres brûleurs dispersés dans le réseau.

Pendant longtemps on a mis en doute et même nié positivement qu'il fût possible de placer un brûleur dans ces conditions.

Voici la raison qu'on en donnait :

Tout le monde sait, disait-on, comme les expériences de d'Aubuisson, de Girard, de Pecqueur, etc., l'ont surabondamment démontré, que l'écoulement d'un fluide dans les tuyaux donne lieu à une perte de pression. La pression en un point dépend donc de toutes les conditions de cet écoulement; or, si l'on éteint des brûleurs, l'écoulement devient moindre ; la perte de pression doit donc diminuer, etc. ; d'où l'on voit que la fixité du régime de la pression est impossible.

Il y a deux choses à répondre :

1° Les expériences sur lesquelles on s'appuie portent uniquement sur des tuyaux uniformes, alimentés par un bout, et dépensant par l'autre librement ouvert dans l'atmosphère ; or ce n'est nullement la situation d'un réseau qui comprend une série anastomosée de tuyaux fermés, ayant des diamètres différents et sur lesquels sont placés de petits orifices. Les chiffres résultant des expériences faites sur les tuyaux ouverts ne nous apprennent donc rien sur les chiffres qu'on obtiendrait dans le cas d'un réseau.

2° Sans admettre l'invariabilité théorique de la pression (1) en un point, lorsque les conditions du débit changent (ce qui, en effet, ne paraît pas devoir être), il suffirait que les variations de pression se tinssent dans certaines limites (et cela peut être), pour que leur effet ne fût pas sensible sur les brûleurs ; car s'il y a dans la pression de la canalisation une variation relative de $\frac{1}{n}$, il n'y aura dans la pression au bec (voir *Traité de la pression*, pages 56 et 57) qu'une variation relative de $\frac{1}{n}$ dont l'effet pourra passer inaperçu.

La pratique prouve que cet état d'une pression sensiblement invariable est possible lorsque les tuyaux pour une dépense donnée ont une dimension plus grande qu'une certaine dimension minimum ; nous appelons cet état d'un réseau *l'état de réservoir*, parce qu'il place les brûleurs dans la même situation que s'ils étaient posés sur un réservoir fictif de dimensions infinies, dans lequel la pression resterait invariable. Par opposition, nous disons que, dans l'autre cas, le tuyau fonctionne comme *canal d'écoulement*.

Nous allons montrer que, loin d'infirmer nos vues, les expériences faites sur l'écoulement des gaz en longues conduites semblent nous prêter appui, quand on les interprète de manière à aller au fond des choses.

Les résultats les plus précis que nous possédions sur ce point ont été obtenus il y a peu d'années par M. Arson, le savant ingénieur en chef de la Compagnie parisienne. Nous nous servirons donc des tables qu'il a dressées.

Considérons un tuyau AB (*fig*. 3, *pl*. I) de 1000 mètres de long, alimenté en A, et dépensant à gueule bée dans l'atmosphère à son extrémité B, soit $0^m,25$ le diamètre intérieur de ce tuyau ; supposons que la dépense par heure soit 180 mètres cubes ; la perte de pression sera d'après les tables de M. Arson $0^m,0052$ de A en B.

Espaçons également de A en B cinq brûleurs α, α^1, α_2, α_3, B, en comptant B pour le dernier ; supposons que chacun de ces brûleurs soit à 100 mètres de celui qui le précède, et dépense à l'heure $\frac{180}{5} = 36^{mc}$; notons enfin la perte de pression propre à chaque section, d'après les tables :

De A en α 180^{mc} sont transportés à l'heure . . . . ce qui donne pour perte de pression				$1^{mm},04$
» α » α_1 144^{mc} »	puisqu'en α 36^{mc} sont brûlés,		»	$0^{mm},72$
» α^1 » α_2 108^{mc} »	» α_1 »		»	$0^{mm},46$
» α^2 » α_3 72^{mc} »	» α_2 »		»	$0^{mm},26$
» α_3 » B 36^{mc} »	» α_3 »		»	$0^{mm},10$
			Total	$2^{mm},58$

(1) Nous indiquerons toujours les pressions en colonne d'eau et en millimètres.

La perte de pression totale à l'extrémité B est la somme de ces pertes partielles, c'est-à-dire 0^m,00258 au lieu de 0^m,0052.

Ceci laisse déjà voir que, dans un réseau, la perte de pression sera de beaucoup inférieure à ce qu'elle serait en longue conduite pour une même dépense.

Au lieu de cinq brûleurs, espaçons-en également entre eux 10, 100, etc., brûlant chacun 18 mètres cubes, 1^{mc},800, etc., par heure ; nous aurons encore une perte de pression moindre que 0^m,00258, mais — chose remarquable — qui en est très-peu différente. En répartissant des brûleurs à des distances inégales et en leur faisant faire des dépenses dont la somme serait toujours 180 mètres cubes par heure, les pertes de pression seraient toujours très-près l'une de l'autre et des précédentes ; de sorte qu'un branchement placé sur ce tuyau conserverait une pression pratiquement invariable, quelle que soit la répartition de la dépense. Or l'invariabilité de la pression à l'entrée de son branchement est tout ce qui importe à l'abonné lorsque son réseau partiel est convenablement disposé.

Voilà donc un tuyau fonctionnant comme réservoir.

Mais si les formules pour l'écoulement du gaz en longues conduites ne s'appliquent pas à ce tuyau, elles s'appliquent fort bien à la conduite maîtresse qui, sans débiter sur son parcours, part d'une usine éloignée de la consommation et fonctionne pour alimenter le réseau.

Sauf à revenir plus loin sur ces détails essentiels, concluons pour le moment que toute la difficulté peut être ramenée aux termes suivants :

Lorsqu'un régulateur sera destiné à alimenter un réseau éloigné, il devra faire fonctionner la colonne d'alimentation comme canal d'écoulement, et augmenter ou diminuer à chaque instant le débit de cette colonne, d'après les besoins de la consommation du réseau. Alors la pression pourra rester sensiblement constante dans ce dernier en variant convenablement au départ de la colonne d'alimentation.

Tel est en effet le mode d'après lequel notre régulateur d'émission fonctionne, par l'intermédiaire du tuyau de retour.

3e CAS.

RÉGULATION D'UN COURANT DE GAZ DESTINÉ A ALIMENTER UN RÉSEAU IMMÉDIAT.

Nous avons déjà dit que l'on doit se proposer, dans ce cas, de modifier le volume du courant de manière que, un régime de pression étant établi chez le consommateur, toute réduction et toute augmentation de dépense produite par des extinctions et des allumages partiels correspondent aussitôt à des variations analogues dans le volume introduit chez le consommateur.

Si cette correspondance n'était pas rigoureusement obtenue, il est évident qu'il se produirait des changements de pression chez l'abonné; toute la question se réduit donc à disposer le régulateur de manière qu'il augmente ou diminue le passage introducteur du gaz, sous la seule influence des variations elles-mêmes de la pression intérieure. On arrivera aussi par là à corriger en même temps les altérations de cette pression qui pourraient provenir des variations de la pression extérieure ou d'arrivée.

Ainsi le régulateur de consommation doit se composer dans ce cas d'une soupape s'ouvrant et se fermant sous l'influence des variations de la pression intérieure, et sous cette influence seulement. De là dérive la nécessité de rendre l'appareil indépendant de toute action exercée par le gaz au moment où il pénètre dans l'appareil lui-même; c'est seulement lorsqu'il en sort que le gaz doit agir de façon à faire mouvoir la soupape d'introduction dans la mesure convenable.

C'est là ce qui nous a fait adopter dans nos appareils des dispositions spéciales destinées à détruire absolument l'influence de la pression initiale. L'importance de cette annulation complète n'est plus discutée aujourd'hui.

En résumé, on voit, comme nous l'avons annoncé en commençant, que, dans les trois cas examinés le but à atteindre étant différent, les procédés de régulation à employer doivent être dissemblables :

1º Pour un seul bec, c'est un jaugeage qu'il faut opérer ; le *rhéomètre* (page 54) résout la question ;

2º S'il s'agit d'alimenter un réseau éloigné de l'usine, il faut un *régulateur d'émission* (*voir* page 26);

3º S'il s'agit de régler soit un réseau partiel, tel qu'une distribution de consommateur, soit le réseau total d'une usine assise dans le périmètre desservi, il faut un *régulateur de consommation* (*voir* page 50).

Avant de décrire ces divers appareils, nous allons entrer dans quelques détails, qui, une fois donnés, abrégeront les descriptions.

APPAREILS THÉORIQUES

FLOTTEUR A ÉQUILIBRE INDIFFÉRENT

SIPHONS COMPENSATEURS.

Parmi les appareils représentés dans cet Atlas, plusieurs ont des pièces verticales (cylindriques ou prismatiques), plongeant dans un bassin rempli d'eau. Pour répondre au but qu'on se propose, ces pièces doivent être telles que l'appareil reste en équilibre, soit qu'elles s'immergent, soit qu'elles s'émergent. Voici l'artifice qui permet d'obtenir ce résultat :

(Pl. I, fig. 2.)

A. Bassin, ou vase rempli d'eau.

B. Cylindre plein représentant l'ensemble des pièces verticales cylindriques ou prismatiques qui doivent s'immerger.

E. Vases cylindriques ouverts par leur partie supérieure et tels que la surface intérieure de leur section horizontale égale la surface de la section horizontale des parties plongeantes, c'est-à-dire de B et de la somme des deux sections des tubes C.

C. Siphons faisant communiquer le vase A avec les vases E.

d. Tiges pleines pour réunir les pièces et en assurer la solidité.

n. Niveau du liquide.

Constatons d'abord que le niveau n doit rester constant.

En effet, si l'on suppose que les siphons aient été amorcés et que l'appareil soit en équilibre dans une certaine position, le niveau sera le même dans le vase A et dans les vases E.

Quand les parties plongeantes s'enfoncent, elles entraînent les tubes E, et il s'effectue par les siphons C un déplacement d'eau, à la suite duquel un certain niveau m s'établira dans les tubes E et dans le vase A.

On voit facilement que le niveau m coïncide avec le niveau n, puisque la surface de la section horizontale de E est égale à la surface de la section horizontale des parties plongeantes, et que le volume qui se déplace par les siphons est égal au volume plein qui s'immerge. Ce dernier volume vient donc prendre dans le vase A la place du volume d'eau qui a passé en E; le niveau dans le vase A, et par suite dans les tubes E, ne change donc pas, c'est-à-dire que m et n coïncident. Si au lieu d'immersion c'est une émersion qui a lieu, les choses se passent inversement.

Il y a une difficulté pratique d'exécution à donner aux vases E exactement la même surface intérieure qu'aux parties plongeantes. Mais on tourne cette difficulté en leur laissant une surface un peu supérieure, et en y plaçant des aiguilles de section de plus en plus petite, qui permettent de rétrécir jusqu'au point voulu la surface E. Ces aiguilles sont dessinées en traits ponctués dans le vase E.

Il est maintenant très-facile de voir que si l'appareil reste en équilibre dans une certaine position verticale, il restera en équilibre dans toute autre position verticale.

En effet, lorsqu'on le soulève d'une certaine quantité, d'un côté il s'alourdit du poids de l'eau qui était déplacée en plus dans la première position que dans la seconde; mais, d'un autre côté, il s'allége du poids de la quantité d'eau qui quitte les tubes E, et, d'après ce que nous avons dit, ces poids sont égaux.

Faisons encore remarquer que si, sans rien changer à l'appareil, le système des siphons devenait fixe et le vase A mobile, le niveau n resterait encore invariable et le vase A pourrait être mis en équilibre indifférent.

On reconnaît l'invariabilité du niveau au moyen d'une pointe fine, qu'un pas de vis micrométrique amène à toucher la surface de l'eau sans la déprimer.

On peut aussi vérifier très-simplement en fait si les conditions d'équilibre indifférent sont réalisées, en laissant l'appareil successivement pendant vingt-quatre heures, par exemple, dans chacune de ses positions extrèmes; s'il les conserve, le résultat cherché est obtenu.

Il suit de cette description que la plus petite force verticale appliquée à l'appareil rompt l'équilibre et le met en mouvement. Le mouvement continue tant que dure l'action de cette force.

Dans le flotteur que nous allons décrire, l'invariabilité d'un niveau est également obtenue, mais l'action d'une force verticale constante laisse l'appareil en équilibre après l'avoir fait changer de position; l'amplitude de ce mouvement peut même, comme nous allons le voir, servir de mesure à la force.

FLOTTEUR MANOMÉTRIQUE A NIVEAU CONSTANT

(Pl. I, fig. 1.)

Soit un flotteur A formé d'un anneau cylindrique C de section quelconque ; l'anneau et le cylindre central B sont fermés par le haut ; la partie annulaire étant aussi fermée par le bas, le flotteur plonge dans le vase V.

B communique avec une source illimitée de gaz. Le flotteur est équilibré de telle sorte qu'il soit vertical dans sa position d'équilibre stable. L'eau s'arrêtera dans le vase V à un

3

niveau n et dans le cylindre central à un niveau m inférieur à n, puisque la pression du gaz est plus grande que la pression atmosphérique.

Si d'une façon quelconque la pression du gaz qui arrive dans le cylindre central B vient à varier, il est évident que le flotteur étant libre se soulèvera ou s'immergera plus ou moins ; le niveau m variera ; mais nous disons que le niveau n reste invariable.

On construit depuis longtemps d'après ce principe des appareils appelés *indicateurs de pression ;* mais n'ayant nulle part trouvé une explication théorique de ces appareils, nous croyons utile de la donner ici :

Soit ϖ la pression atmosphérique rapportée à l'unité de surface et exprimée en eau .

» p »   dans l'espace B   »   »   »   » ,

» h la   distance   du   niveau m au   fond   du   vase   V.

» h' »   du bas de l'anneau C   »   »   »   »

» h'' »   du niveau n »   »   »   »

»   S   la surface de la section de l'espace cylindrique B.

»   S'   la surface de la section de l'espace annulaire C.

»   S $+$ S' $+$ S$''$ »   du vase V.

»   A   le volume d'eau compris dans le vase V.

La pression sur le fond du vase V peut s'exprimer de deux façons (suivant qu'on considère le point E ou le point D), $\varpi + h''$ ou $p + h$.

On a donc

$$(1) \qquad \varpi + h'' = p + h.$$

Écrivons que le volume d'eau contenu dans le vase V est constant : on a

$$(2) \qquad Sh + S'h' + S''h'' = A.$$

Maintenant établissons la condition d'équilibre.

Comme les forces horizontales se détruisent d'elles-mêmes, il suffit de considérer les forces verticales. Pour l'équilibre, la somme de celles qui agissent de bas en haut doit être égale à la somme de celles qui agissent de haut en bas. Ces forces sont :

1° La poussée S $(\varpi + h'' - h')$ du liquide sur le fond de la partie annulaire, force agissant de bas en haut ;

2° La pression pS du gaz de l'espace B sur le fond supérieur de ce cylindre, force agissant de bas en haut ;

3° Le poids M du flotteur, force agissant de haut en bas ;

4° La pression atmosphérique ϖ (S $+$ S') sur le fond supérieur du flotteur, force agissant de haut en bas.

On a donc

$$M + \varpi (S + S') = pS + S(\varpi + h'' - h)$$

ou

$$(3) \qquad M + \varpi S' = S(p + h'' - h').$$

Des équations (1), (2), (3) nous tirons, en éliminant h et h',

$$h'' = \frac{A + M}{S + S' + S''} \; ;$$

h'' est donc indépendant de p, ce qui signifie que, quel que soit p, le niveau n est constant dans le vase V.

On peut remarquer par cette même valeur de h'' que le niveau n est également indépendant de ϖ, c'est-à-dire de la pression atmosphérique.

Cherchons maintenant de combien s'élève ou s'abaisse le flotteur A quand la pression varie d'une quantité donnée dans l'espace B.

Des équations (1), (2), (3) on peut tirer, en éliminant h et h'',

$$h' = \frac{AS' - M(S + S'') + S(p - \varpi)(S + S' + S)}{S'(S + S' + S'')} \; .$$

Soit h'_1 la valeur que prend h' quand la pression p devient p_1 : on aura

$$h'_1 = \frac{AS' - M(S + S'') + S(p_1 - \varpi)(S + S' + S'')}{S'(S + S' + S'')} \; ;$$

d'où, en retranchant membre à membre et réduisant,

$$(4) \qquad\qquad h'_1 - h' = \frac{S}{S'}(p_1 - p).$$

L'équation (4) montre que le flotteur s'élève ou s'abaisse proportionnellement à la variation de pression. Si S $=$ S', le mouvement de A correspond, millimètre par millimètre, à la variation de pression ; c'est-à-dire que si la pression augmente ou diminue de x millimètres, A s'élèvera ou s'abaissera de x millimètres.

Soit S $= j$S', l'équation (4) deviendra

$$h'_1 - h = j(p_1 - p),$$

ce qui montre que, quand la pression varie de K millimètres, le flotteur s'émerge ou s'immerge de Kj millimètres.

Après ces détails théoriques, il ne nous reste qu'à donner la description de nos appareils.

APPAREILS DE LABORATOIRE *

GAZOMÈTRE JAUGEUR

(Pl. II, fig. 1 et 2, échelle de 1/10.)

Nous avons reconnu dans nos expériences le peu de précision des compteurs pour des observations exactes, surtout si le temps de l'observation est court, et par conséquent le volume à mesurer peu considérable.

Sans doute les compteurs donnent dans l'industrie une approximation dont on se contente avec raison, parce qu'il s'agit de mesurer la dépense pendant plusieurs jours ou plusieurs semaines, afin d'établir ce qu'un abonné doit à l'usine ; mais pour les recherches de laboratoire, les compteurs dits *d'expérience* n'offrent pas plus de garantie que les compteurs dits *d'abonnés,* desquels du reste ils ne diffèrent que par quelques engrenages de plus.

Les causes d'erreur tiennent, entre autres choses, à des difficultés de construction. L'axe de rotation n'est jamais l'axe géométrique ; — les poids ne sont pas rigoureusement répartis d'une façon uniforme autour de cet axe. A cela il faut ajouter le frottement, — l'adhérence de l'eau, — le retard dû au jeu des engrenages, — le défaut dans la parfaite horizontalité de l'axe, — et surtout l'impossibilité d'établir et de conserver dans le compteur un niveau d'eau absolument défini et constant. Or un seul millimètre de différence dans ce niveau donne lieu à une erreur d'autant plus essentielle à éviter, qu'en observant pendant une minute, et en calculant d'après cette observation la dépense pendant une heure, l'erreur se trouve mutipliée par 60 (1).

Quant aux compteurs secs, nous n'insisterons pas sur leurs défauts, puisque l'on ne paraît pas disposé à les adopter en France.

Nous employons, au lieu de compteur, un gazomètre jaugeur dont un type est représenté *pl.* II, *fig.* 1 et 2.

---

(1) M. Rouget, l'habile directeur de l'usine à gaz de Brest, vient de proposer, pour corriger les erreurs provenant de la variation de niveau, une disposition ingénieuse, qui consiste à faire communiquer par un tube déversoir l'intérieur du compteur avec une chambre inférieure contenant de l'eau. Le gaz pénètre d'abord dans cette chambre, où il se sature de vapeur d'eau avant d'entrer dans le volant. Il suit de là que le volume d'eau dans lequel est placé le volant n'est plus sujet à réduction par évaporation ; il ne pourrait que s'augmenter par des condensations, mais le déversoir reporte ces dernières dans la chambre inférieure.

Cette disposition paraît offrir des garanties aussi complètes que possible.

La *figure* 1 est une coupe axiale ; la *figure* 2 une élévation de l'appareil.

A. Bassin rempli d'eau jusqu'au niveau n.

R. Robinet qui sert à utiliser ensemble ou séparément les deux tubes V.

V. Tubes fermés à leur partie supérieure, ouverts à leur partie inférieure, et dans lesquels on introduit le gaz en le faisant passer d'abord par R, puis par les conduits T, et enfin par les tubes J ouverts à leur partie supérieure située au-dessus de n.

A la partie inférieure des tubes V est une caisse à air, dont les dimensions sont calculées pour que l'appareil tende à s'élever, et qu'il soit nécessaire d'ajouter des poids pour le faire immerger.

l. Tige creuse faisant communiquer avec l'atmosphère l'intérieur de la boîte à air, et pouvant servir au besoin à introduire dans cette boîte une quantité d'eau représentant tout ou partie de la tare.

m. Niveau que prend l'eau du bassin A dans les tubes V sous l'influence de la pression du gaz.

M. Montants portant une rainure dans laquelle glissent les galets E, E' ; c'est par eux qu'est guidé le mouvement des tubes V lorsqu'ils se soulèvent en se remplissant de gaz par les tubes J, ou lorsqu'ils s'enfoncent en le laissant échapper par les mêmes tubes.

B. Siphons et tubes compensateurs, au moyen desquels on obtient la fixité du niveau n, comme il a été expliqué pages 16 et suivantes.

L'un des tubes compensateurs porte une réglette divisée en millimètres.

I. Index surmontant une crémaillère qu'on élève ou qu'on abaisse au moyen du petit pignon D.

K. Tuyau qui laisse écouler l'eau du bassin A, si dans les manipulations elle vient à dépasser le niveau de h.

L. Bassin pour recevoir cette eau.

P. Bouchon de vidange.

G. Poids variable au moyen duquel on établit à volonté la pression dans les tubes V.

La surface intérieure de la section horizontale des tubes V est 1/4 de décimètre carré pour chacun d'eux.

Comme il suffit de déterminer le mouvement de trois points pour déterminer le mouvement du solide auquel ces trois points appartiennent, on n'a employé, afin de diminuer les frottements, que trois galets E, E, E', dont deux glissent dans l'eau avec un frottement excessivement faible. A cause de cette dissymétrie, il sera bon de placer les poids G un peu de côté du galet supérieur sur la plate-forme circulaire à laquelle viennent se terminer les tubes V. On voit sur la figure que le galet E' est porté par un petit bras mobile autour du point p ; ce petit bras est incliné à 45 degrés sur la rainure où glisse le galet.

L'appareil doit être assis solidement sur une tablette en pierre parfaitement horizontale, il doit être garni d'eau pure ou mieux d'eau de pluie.

Voici maintenant la manière d'opérer.

Les tubes V étant soulevés, on vérifie, au moyen d'un fil à plomb, leur parfaite verticalité. On fait alors immerger ces tubes en mettant sur la plate-forme placée à leur partie supérieure des poids convenables.

On fait arriver le gaz dans les tubes V ; si la pression de la canalisation est supérieure à celle qui ferait équilibre au poids du système mobile, le gazomètre se soulève. Si au contraire la pression de la canalisation est plus faible, on diminue le poids G jusqu'à ce que le gazomètre puisse le soulever.

Quand les tubes V sont à peu près pleins, on ferme le robinet d'arrivée du gaz, puis on charge de poids la plate-forme jusqu'à ce que le manomètre communiquant avec l'espace V marque la pression sous laquelle on veut opérer. On place l'index I vis-à-vis du zéro de l'échelle, et on ouvre le robinet du bec en même temps qu'on fait compter un chronomètre à secondes. On laisse ainsi passer une minute ou deux suivant la dépense du bec par rapport à la capacité du gazomètre. On ferme vivement le robinet au moment précis où le chronomètre marque la fin de la minute, puis on lit sur l'échelle la distance parcourue par le gazomètre pendant l'expérience.

Puisque la section droite des tubes V réunis est 1/2 décimètre carré, on aura en litres le volume écoulé pendant une minute, en divisant par 2 le nombre de décimètres parcourus ; on aura le volume qui s'écoulerait pendant une heure, en multipliant ce résultat par 60 (1). Tout cela revient en définitive à multiplier par 30, c'est-à-dire par 3 et par 10, le nombre de décimètres qui ont passé devant l'index, ou simplement à multiplier par 3 le nombre de centimètres.

On peut aussi faire trois expériences consécutives, et en ajouter les résultats exprimés en centimètres ; c'est même un moyen de contrôler les expériences.

La disposition la plus simple à adopter pour l'usage de ce gazomètre consiste à fixer au raccord du robinet R, du côté le plus commode, une des extrémités d'un tuyau de plomb de $1^m,50$ environ. L'autre extrémité se recourbe horizontalement pour former rampe d'essai.

Le conduit d'alimentation se branche sur ce tuyau en un point quelconque, et porte le robinet de la prise de gaz ; alors, jusqu'à ce dernier robinet, le même tuyau servira à recevoir et à dépenser le gaz. L'autre raccord du robinet R devra être fermé ; nous l'avons ménagé pour que, avec l'aide du robinet R, on puisse faire dans le gazomètre tous les mélanges de gaz possibles dans des proportions connues.

---

(1) Comme nous employons toujours l'échelle métrique pour mesurer la distance parcourue, le calcul est à modifier suivant le diamètre des tubes gazométriques.

MANOMÈTRE DE PRÉCISION

(Pl. IX, fig. 4, échelle 1/5.)

A. Chambre placée à la base de l'appareil et qui communique par le robinet M avec l'espace dans lequel on veut mesurer la pression.

Sur le fond supérieur de A se trouve le vase cylindrique B, communiquant en W avec un tube C fermé par le haut.

Le centre du vase B est occupé par un tube D ouvert à son extrémité inférieure dans la chambre A, et ouvert aussi à son extrémité supérieure, située au-dessus du niveau de l'eau dans le vase B.

E. Bouchons de vidange, de niveau et de condensations.

G. Flotteur annulaire à niveau extérieur constant, construit tel que nous l'avons décrit page 17.

Au fond supérieur de ce flotteur et à son centre est fixée une tige rigide H qui traverse le tube D et se termine d'un côté dans l'espace A par une masse I qui assure la verticalité de l'appareil; de l'autre, au-dessus du vase G, par un petit crochet. Une bague annulaire, au sommet du tube D, sert à diriger le mouvement de cette tige, en la maintenant au centre du bassin. Un tube K fait communiquer l'espace A avec la partie supérieure du tube C.

D'après la théorie (page 19), pour que le flotteur s'élève en suivant millimètre par millimètre la variation de pression, il faut que la surface annulaire du flotteur G soit égale à la surface de l'eau de l'intérieur; si le tube D n'existait pas, on serait dans le cas de la figure théorique (*pl.* I, *fig.* 1); mais sa présence, indispensable pour le passage de la tige et pour l'entrée du gaz, oblige à prendre une surface équivalente dans le tube supplémentaire C; ce dernier est toujours fait à dessein un peu plus grand que D, et on le ramène par tâtonnements à la section convenable au moyen d'aiguilles *l*, comme il est dit page 17.

Si maintenant au crochet terminal de la tige H on attache un fil tendu par un poids V et passant sur une poulie, le mouvement de la poulie peut faire manœuvrer sur un cadran fixe une aiguille attachée au centre de la poulie. Les points où cette aiguille s'arrête sur le cadran correspondant à une pression déterminée, on aura un manomètre.

On fait varier à volonté la sensibilité des indications, et on les fait cadrer avec l'échelle métrique, soit en déterminant convenablement le diamètre de la poulie (1), soit en prenant une aiguille plus ou moins longue. Enfin, on peut encore agir autrement sur la sensibilité de l'appareil, car le calcul (page 19) montre qu'en prenant d'une certaine façon le rapport des

---

(1) Dans la détermination du diamètre de la poulie, il faut tenir compte de l'épaisseur du fil.

surfaces de la section du cylindre intérieur et de la partie annulaire du flotteur G, on peut faire qu'à une variation de pression de 1 millimètre corresponde une élévation du flotteur de 1, 2, 3, 4, ... millimètres.

Lorsque le bassin est rempli d'eau jusqu'au bouton de niveau E, le flotteur G doit être légèrement soulevé, et ne doit plus porter sur aucun appui. — Cette condition, essentielle à observer, oblige à prendre quelque précaution pour ramener à zéro l'aiguille du cadran; mais, si l'on fait ce zéro en donnant et en ôtant le gaz deux ou trois fois de suite et en ramenant chaque fois l'aiguille, il suffit d'un peu d'adresse de main pour arriver au résultat, et l'on obtient alors des indications absolument précises.

Il est bon de ne pas ouvrir brusquement les robinets M, afin d'éviter un glissement du fil sur la poulie, ce qui dérangerait le zéro.

On peut encore, pour éviter tout embarras, adopter pour zéro le chiffre, quel qu'il soit, auquel l'aiguille s'arrête quand on fait sortir le gaz du manomètre. Quand ce chiffre a été bien déterminé par quelques essais, on en tient compte dans les observations.

On a quelquefois construit des manomètres à tubes inclinés, que nous trouvons peu commodes, parce qu'il faut tenir compte de la dénivellation, qui a lieu dans le vase où la pression du gaz s'exerce.

Nous préférons l'idée ingénieuse de MM. Kœchlin fils, de Willer, qui écartent simplement à 45 degrés, de part et d'autre de la verticale, les branches d'un petit manomètre différentiel ordinaire, et augmentent ses proportions. On pourrait évidemment incliner les branches davantage, ce qui accroîtrait la sensibilité, et les disposer l'une à côté de l'autre parallèlement à l'inclinaison adoptée, ce qui diminuerait la place occupée par l'appareil.

OBSERVATIONS SUR LA DISPOSITION DU LABORATOIRE

Nous croyons à propos d'ajouter quelques mots à ce que nous avons déjà dit sur ce sujet dans la première partie de notre *Traité*.

Une usine à gaz, pour faire toutes les expériences qui peuvent l'intéresser, n'a pas rigoureusement besoin du matériel coûteux qu'indiquent les ouvrages spéciaux. Sans entrer dans des détails qui varient nécessairement avec les emplacements dont on dispose, avec les appareils déjà établis et même avec les idées d'organisation particulières à chaque ingénieur, nous croyons pouvoir proposer comme suffisantes les conditions suivantes :

Le laboratoire doit avoir ses parois peintes en noir mat, ses fenêtres munies de volets pleins et garnies de rideaux épais et opaques, interceptant complétement la lumière que laissent toujours passer les joints des fermetures. Le renouvellement de l'air doit s'obtenir avec une hotte renversée, ouverte très-près du plafond, afin de conserver aux flammes, pendant l'observation, la plus grande immobilité possible.

Trois sortes d'appareils sont indispensables :

1° Ceux qui mesurent la dépense ;

2° Ceux qui mesurent la pression ;

3° Les photomètres.

Un tuyau amène le gaz dans le gazomètre jaugeur décrit page 20. Ce gazomètre porte la rampe d'essai.

Pour les expériences approximatives ou de longue durée, on peut faire passer le gaz dans un compteur communiquant avec une rampe spéciale, et, en tout cas, une facile disposition des robinets permet d'alimenter la rampe, en faisant passer le gaz soit par le gazomètre seul, soit par le compteur seul. Si l'on emploie un compteur d'expérience, il est utile de se ménager la possibilité de le vérifier, en y faisant passer le gaz sortant du gazomètre jaugeur. Les tuyaux choisis pour former les rampes doivent toujours être d'un diamètre largement suffisant. Les robinets de becs placés sur ces rampes doivent avoir au moins 8 millimètres de passage à la clef, et les porte-becs uniformément 5 millimètres de diamètre intérieur.

Nous croyons devoir signaler, pour l'installation du photomètre, le dispositif assez simple dû à M. Burel, et qu'on trouve décrit dans le *Traité de physique* de MM. Boutan et d'Almeida (1); du reste, les physiciens ne sont pas d'accord sur le meilleur photomètre ; il faut donc choisir, parmi ceux dont on a reconnu l'exactitude suffisante, celui qui convient le mieux à la vue de l'expérimentateur. Quant à l'unité de lumière, nous employons notre régulateur type ou photo-rhéomètre, muni d'un bec bougie de 1 millimètre, réglé à 38 litres de dépense à l'heure pour le gaz réglementaire de Paris. Si le gaz s'altère, l'altération se fait sentir à la fois à ce bec et au bec essayé ; de sorte qu'au point de vue du rapport des intensités lumineuses, les résultats sont obtenus avec un degré d'exactitude supérieur à celui qu'on pourrait atteindre avec la lampe Carcel, en se réduisant à une méthode de comparaison aussi simple que la nôtre.

Un manomètre de précision (*voir* page 23) doit indiquer la pression différentielle à 1/20 de millimètre près. Plusieurs petits manomètres à tube recourbé, placés avant et après les appareils de mesure, puis sur la rampe, indiquent l'état du gaz aux divers points du parcours ; un petit régulateur de laboratoire (*voir* page 69 et *pl.* IX, *fig.* 3) communique avec la rampe d'essai, et sert pour les analyses de brûleurs.

Le photo-rhéomètre (*voir* page 63), brûlant constamment, signale la permanence d'un état donné du gaz ; il montre sans expérience, et par la seule inspection de la flamme, si le pouvoir

---

(1) Le mérite principal de ce photomètre consiste en ce que la tache facilement altérable d'huile ou de spermacéti dont on observait la disparition est remplacée par les lettres transparentes ou écussons que certains fabricants mettent dans leur papier comme marque de fabrique.

4

éclairant a varié, et, à l'aide d'un simple comptage, il permet de constater si la densité est toujours la même (1).

Nous allons maintenant décrire les appareils spéciaux construits par nous pour être appliqués à chacun des cas de régulation.

RÉGULATEUR D'ÉMISSION

L'action de ce régulateur doit être de faire varier le volume de gaz qui sort du gazomètre, et par suite la pression de ce gaz au sortir de l'usine d'après les variations de la consommation dans le réseau. C'est ce que nous obtenons en *amenant le gaz du réseau à être le seul moteur de la soupape de sortie du gaz.*

La théorie du *tuyau de retour* (*voir* première partie du *Traité*, page 69) a déjà expliqué la nécessité de ce renversement des principes sur lesquels on fondait depuis Clegg la construction des régulateurs. Il est utile de rappeler cette théorie en quelques mots.

Tous les régulateurs antérieurs au nôtre ont eu pour objet immédiat de rendre la pression invariable au sortir de l'appareil ; on crut d'abord qu'elle serait ainsi constante dans le réseau. Mais on s'aperçut bientôt que, dans certains cas, lorsque l'usine était éloignée de son périmètre, ou que les tuyaux n'avaient pas un diamètre suffisant, la régulation ne s'opérait pas, et qu'il fallait nécessairement, pour répondre aux besoins de la consommation, élever la pression au sortir de l'usine. Le type Clegg, malgré cela, ne fut pas modifié par les constructeurs, et c'est en l'employant contrairement à son but qu'on a cherché dans la pratique à suppléer à son insuffisance.

Nous résolvons directement le problème en faisant partir du réseau un tuyau que nous appelons *tuyau de retour*, et qui sert uniquement à ramener le gaz sous la cloche du régulateur. C'est ce gaz de retour qui est le moteur de la valve d'émission ; — il l'ouvre quand la pression diminue dans le réseau ; — il la ferme quand cette même pression augmente ; et c'est ainsi que la pression devient variable au départ de l'usine et reste constante dans le réseau.

Quant au tuyau de retour, il est inutile de faire remarquer qu'il ne dessert aucune

------

(1) Nous étudions en ce moment les dispositions à donner à un petit compteur spécialement approprié au photo-rhéomètre et qui mesurera le gaz sous une pression absolument constante. Nous aurons ainsi un appareil complet de vérification du gaz, donnant par une observation facile des résultats suffisamment précis pour dispenser de recourir aux appareils coûteux et compliqués actuellement en usage.

consommation; aussi paraît-il suffisant de lui donner au plus un diamètre de 30 millimètres.

Le régulateur d'émission ne peut cependant pas toujours être réduit à une simple valve mise en mouvement par le tuyau de retour.

Nous allons d'abord décrire cette disposition, aussi simple que complète. Nous étudierons ensuite les organes qu'il convient d'y ajouter dans certains cas.

VALVE D'ÉMISSION

(Pl. III, fig. 1 et 2, échelle de 1/10.)

Cette valve est représentée en perspective (*fig.* 1), et en coupe axiale (*fig.* 2).

Pour rendre son mode de fonctionnement plus facile à comprendre, nous avons teinté en rouge et noté avec des lettres minuscules les parties mobiles; les parties fixes sont en noir et notées avec des majuscules.

A. Cylindre en fonte sur lequel repose l'appareil et dans lequel débouchent en E et en F deux tuyaux qui servent indifféremment l'un à l'entrée du gaz, l'autre à sa sortie; pour fixer les idées, nous supposerons que le gaz entre en E et sort en F.

Le niveau du sol peut se raccorder en B, fond supérieur du cylindre A, qui est alors tout entier sous le sol.

D. Regard qui permet de démonter le cône; un bouchon non représenté sur la figure est placé au niveau du fond inférieur C du cylindre A pour vider, au besoin, les condensations. — Le tuyau E débouche directement dans le cylindre G, lequel est intérieur et concentrique au cylindre A. — Le fond inférieur du cylindre G porte une ouverture circulaire H que peut boucher en partie ou tout à fait le cône formant soupape *a*. — La base de ce cône a la même surface que le trou H.

Ce cône est fixé à l'extrémité inférieure d'une tige verticale pleine *d*, par un croisillon *b* et un écrou *c*; c'est cette tige *d* qui porte les parties mobiles de l'appareil.

Vers le milieu de cette tige, et liés invariablement entre eux et à cette tige, sont deux cylindres d'inégal diamètre, se touchant en *e* par leur fond: — l'un *f* ouvert à sa partie supérieure, l'autre *g* ouvert à sa partie inférieure. — Le cylindre *g* plonge dans un bassin I rempli d'eau, et fixé au cylindre A.

Le gaz contenu dans l'espace G pénètre dans le cylindre *g* en passant autour de la tige *d* par le tube cylindre K; — ce tube cylindre est fixé à la base supérieure de A et ouvert à ses deux extrémités. — La plaque B porte quatre colonnes L, M, N, N, qui servent de support au bassin supérieur Q. — Deux d'entre elles, marquées N, n'ont que ce rôle; — les deux autres, L et M, sont creuses, et servent au jeu de l'appareil, en conduisant le gaz, ainsi que nous l'expliquerons tout à l'heure.

A la partie supérieure de la tige d est liée une cloche p, plongeant dans l'eau du bassin Q; — à la partie inférieure de cette cloche une boîte à air r fait équilibre au poids de tout le système mobile; les petites colonnes pleines s relient la boîte à air au fond du cylindre p et servent à la solidité du système.

Les bassins compensateurs t (*voir* page 16) maintiennent l'invariabilité des niveaux, et compensent les changements de poids qu'entraînerait l'immersion. — La tige d passe au milieu d'un tube cylindrique J, lié invariablement aux parties fixes de l'appareil. — Ce tube est ouvert à ses deux extrémités; l'une plonge dans l'eau du bassin mobile f, l'autre débouche au centre du bassin Q au-dessus du niveau de l'eau.

Le gaz du réseau arrive du tuyau de retour par le robinet $\mathscr{M}$ dans le tube colonne L; — de là il passe dans le tube J par le petit tube $\mathscr{P}$ et enfin du tube J dans la cloche p, sans qu'il puisse y avoir mélange avec le gaz qui traverse la valve pour se rendre dans le réseau, puisque le tube J plonge toujours par sa partie inférieure dans l'eau du bassin mobile f.

A l'extrémité supérieure du tube J est un petit croisillon percé au centre d'un orifice que la tige d traverse très-librement, et qui sert de guide à cette dernière. C'est là le seul point de frottement possible du système mobile.

Le gaz contenu dans l'espace A pénètre par le tuyau $\mathscr{N}^{\circ}$ dans le tube colonne M; — de là, par le tube $\mathscr{R}$ dans un cylindre X, fixé invariablement autour du tube J. — Le cylindre X plonge en partie dans l'eau du bassin f; il est fermé à sa partie supérieure, et ouvert à sa partie inférieure. — Notons, pour compléter cette description, qu'il y a à chaque bassin un bouton de niveau et un bouton de vidange.

Cela posé, le gaz renfermé en G au-dessus du cône n'exerce aucune action sur l'état d'équilibre de l'appareil mobile; car s'il presse de haut en bas sur le cône a, il passe par le tube K et presse de bas en haut sur le fond e du cylindre g, fond dont on a pris la surface égale à celle de la base du cône a.

Le gaz qui se trouve dans le cylindre A n'agit pas non plus sur l'état d'équilibre de l'appareil mobile. — Car s'il presse de bas en haut sur la base du cône a, il passe par le tube $\mathscr{N}^{\circ}$, puis par la colonne M, enfin par le tube $\mathscr{R}$ et presse de haut en bas sur la surface annulaire d'eau comprise entre le tube J et le cylindre X; or cette surface annulaire a encore été prise équivalente à celle de la base du cône a.

On voit, en somme, que le gaz d'entrée et le gaz de sortie n'agissent ni l'un ni l'autre sur la partie mobile de la valve d'émission, et c'est là ce qui permet de mettre cette valve en communication avec le gazomètre, indifféremment par l'une ou par l'autre des tubulures E et F. — Le mouvement de la soupape conique est donc uniquement régi par la pression du gaz du réseau, ramené par le tuyau de retour dans la colonne L, — puis par le tube $\mathscr{P}$ dans le tube J, — et de là enfin sous la cloche p.

MISE EN MARCHE DE LA VALVE D'ÉMISSION

AVEC SON TUYAU DE RETOUR.

L'appareil étant monté comme l'indique la *figure* 1, *pl.* III, on met de l'eau de pluie d'abord dans le bassin I, puis dans le bassin *f*, jusqu'aux boutons de niveau. Les joints hydrauliques se trouvant ainsi formés, on peut laisser passer le gaz à travers la valve, qui est toute grande ouverte.

On tourne le robinet $\mathcal{M}$, qui est à trois voies, de façon à fermer le tuyau de retour, qui a été soudé d'avance au raccord de ce robinet, et l'on fait communiquer ainsi avec l'atmosphère l'espace compris sous la cloche *p*; on verse de l'eau dans le bassin Q, jusqu'au bouton de niveau, et l'on amorce les siphons *t*, en aspirant un peu fortement par l'orifice supérieur des tubes de compensation.

On fait dans cet état la tare de l'appareil, en le chargeant de poids jusqu'à ce qu'il soit sensiblement en état d'équilibre indifférent.

Après cela, on ouvre le robinet $\mathcal{M}$ de manière à permettre au gaz du tuyau de retour de communiquer avec l'intérieur de la cloche *p*. Enfin, on ajoute de nouveaux poids sur cette cloche jusqu'à ce que le manomètre du tuyau de retour marque la pression qu'on veut avoir en ville. A raison du diamètre de la cloche *p*, il faut 200 grammes pour élever la pression de retour de 1 millimètre.

On livre alors l'appareil à lui-même, tant qu'on ne veut pas modifier la pression du réseau. — Il est bon de répartir les poids de manière à éviter de faire pencher l'appareil.

On peut aussi faire fondre deux ou trois masses de plomb représentant à peu près les poids placés sur la cloche, et suspendre ces masses avec des crochets au bassin *f*. — Il est à remarquer que l'eau de ce bassin concourt au poids du système mobile; il faut donc rétablir les quantités enlevées par l'évaporation, ou bien remplir ce bassin de glycérine.

Il faut chaque soir, pour assurer le plein éclairage, augmenter la pression de 1/10. Cette augmentation se fait lorsque l'allumage est en entier terminé; il est bon d'employer pour cela des poids de 100 grammes, qu'on pose sur la valve de minute en minute, afin de procéder par augmentation d'un demi-millimètre. — Cette méthode est éminemment profitable aux usines, et elle procure aux consommateurs l'abondance de lumière qu'ils recherchent toujours.

MANOMÈTRE DU TUYAU DE RETOUR

A NIVEAU CONSTANT ET A CONTACTS ÉLECTRIQUES.

(Pl. IV, fig. 1 et 2, échelle 1/2 ; — fig. 3, échelle 1/5.)

Le régulateur d'émission que nous venons de décrire ne laisse rien à désirer lorsque l'usine n'est pas trop éloignée de son réseau ; dans le cas où la distance dépasserait 7 à 800 mètres (1), le contre-coup des variations de pression dans le réseau pourrait mettre un certain temps à se faire sentir à l'usine, et, comme nous l'avons signalé ailleurs, des variations un peu brusques de pression pourraient dans ce cas ne plus être corrigées assez promptement.

On utilise alors l'appareil représenté *pl. IV, fig.* 3. La partie inférieure est identiquement celle du manomètre de précision décrit page 23. Ajoutons seulement :

1° Que cet instrument se place en ville, et communique avec l'usine par un fil électrique ; — le tuyau de retour aboutit au robinet M, — pénètre dans l'espace A, et de là sous le flotteur ;

2° Que des poids V placés sur ce flotteur l'amènent à une situation telle, qu'il puisse monter quand la pression de marche du réseau augmente, et descendre quand cette pression diminue.

Au crochet du flotteur, et tendu par un poids W, s'attache un fil qui passe dans la gorge d'une poulie k ; à cette poulie sont liées deux aiguilles l et l' dont les extrémités s'appuient sur un cadran d. Ces aiguilles sont en lame de ressort, afin d'être flexibles.

Pour faciliter l'explication, nous avons reproduit à part (*fig.* 1, même planche) ce cadran à une plus grande échelle ; nous l'avons représenté vu par derrière sans ses supports, et nous avons mis en évidence les organes cachés dans l'épaisseur du cadran.

R est la planchette sur laquelle repose l'appareil. — Le cadran d est formé d'une couronne circulaire en bois, recouverte d'un côté d'une plaque de cuivre. — C'est cette plaque que, pour abréger, nous appellerons simplement le cadran.

La continuité métallique de cette plaque est interrompue en f et f', sur le diamètre horizontal, par deux petites lames f et f' en substance isolante. — Au-dessus de f' et de f le cadran redevient métallique sur quelques degrés, puis la continuité métallique est de nouveau interrompue par les petits isoloirs g et g'.

Les deux aiguilles métalliques l et l' sont placées suivant un diamètre du cadran, elles sont isolées électriquement entre elles et liées invariablement à la poulie k ; leur extrémité vient s'appuyer sur le cadran par des gouttes de platine i, i' ; — l est reliée métalliquement à la borne z de la planchette R, — l' à la borne c de la même planchette.

(1) Nous donnons cette mesure parce que jusqu'ici nous n'avons pas eu l'occasion d'installer un tuyau de retour d'une longueur plus grande. Mais nous ne croyons pas que ce soit une limite impossible à franchir.

Dans la *figure* 1, l et l' semblent communiquer par un fil avec les bornes z et c; mais il ne peut en être ainsi. Voici comment s'établissent les communications métalliques.

La *figure* 2 représente une coupe de la poulie et de ses supports. — Cette coupe est faite suivant le diamètre qui partage les aiguilles dans le sens de leur longueur, et la poulie est supposée tournée de telle sorte que les aiguilles l et l' soient verticales.

La poulie est en substance isolante; — son axe, qui est métallique comme les supports, ne la traverse pas; il vient s'y rattacher par deux plaques circulaires en cuivre, isolées entre elles par la poulie. — Ces plaques sont marquées dans la coupe par les traits h, h'.

L'aiguille l est reliée métalliquement à la plaque h par la vis en cuivre p, dont l'extrémité vient mordre la plaque h. — Cette vis p est isolée de la plaque h' par une garniture d'ivoire qui l'enveloppe partout où elle serait en contact avec h'.

Le support z est relié par un fil métallique à la borne z; et l'on voit comment s'établit, par le support z, la communication métallique entre l'aiguille l et la borne z.

L'aiguille l' est reliée métalliquement à la plaque h' par la vis en cuivre p'. — Le support c est relié par un fil métallique à la borne c, et l'on voit comment s'établit par le support c la communication métallique entre l' et la borne c.

Les vis p et p' servent en même temps à fixer les aiguilles l et l' à la poulie k. — Les vis t et t' ont pour but de forcer l et l' à presser sur le cadran. — Ces aiguilles ne touchent le cadran chacune qu'en un point par les petits boutons en platine i, i', déjà indiqués.

La partie supérieure (*fig.* 1) du cadran communique par un fil métallique avec la borne a de la planchette R; — la partie inférieure, avec la borne b.

Les parties comprises entre les isoloirs f et g et les isoloirs f' et g' communiquent toutes les deux à la borne s, par un fil qui se bifurque. — Tous ces fils isolés entre eux passent dans le bois du cadran et dans le pied qui soutient le cadran sur la planchette R.

Relions maintenant la borne z au pôle zinc d'une pile, — la borne c au pôle cuivre, — la borne b à la terre.

Si les aiguilles l et l' touchent le cadran en f et en f', le courant venant de la pile par les bornes z et c ne passe pas, puisqu'il est interrompu par les isoloirs f et f'.

Si la poulie tourne de façon que l'extrémité de l touche la plaque du cadran entre f et g, l' touchera la partie inférieure du cadran; c'est-à-dire que le pôle zinc de la pile pourra être pris à la borne s, puisque le pôle cuivre sera par la borne b en communication avec la terre.

Si la poulie tourne dans l'autre sens, c'est le pôle cuivre qui pourra être pris en s, le pôle zinc étant relié à la terre par l'aiguille l et la borne b.

Donc, dès que les aiguilles l, l' se mettent en mouvement, c'est-à-dire cessent d'être en contact avec les isoloirs f, f', le courant peut passer à la borne s, et de là au fil qu'on y relie métalliquement, mais tantôt dans un sens, tantôt dans l'autre, suivant le sens de rotation de la poulie.

On voit de même que si l dépasse l'isoloir g, le pôle zinc de la pile pourra être pris à la borne *a*, et que si *l'* dépasse l'isoloir *g'* le pôle cuivre de la pile pourra être pris en *a*. — Donc, dès que l'une des aiguilles dépasse l'un des intervalles *fg*, *f'g'*, le courant pourra passer à la borne *a*, mais tantôt dans un sens, tantôt dans l'autre, suivant le sens de rotation de la poulie.

Une remarque dont il est essentiel de tenir compte, c'est qu'il ne faut ni graisser ni huiler l'axe de la poulie *k*, car on compromettrait ainsi la sûreté des communications électriques.

La pile nécessaire pour faire fonctionner ce petit appareil n'a besoin que de donner un courant régulier. Deux ou trois éléments Leclanché suffisent.

ROUAGE

(Pl. V, fig. 1, échelle 1/3 ; — fig. 2, 3, 4, 5, échelle 1/2.)

La *figure* 1 est une vue d'ensemble en perspective.

La complication de ce rouage est beaucoup plus apparente que réelle.

En résultat, il se compose d'un embrayage ordinaire, mis en jeu par le courant électrique venant du manomètre à contact placé dans le réseau.

On sait que le sens de rotation d'un rouage n'est susceptible d'être inversé qu'au moyen d'une disposition analogue à celle qui s'emploie dans les grandes machines à raboter. — Cette inversion de mouvement est ici indispensable, puisqu'il s'agit de fermer et d'ouvrir une valve, c'est-à-dire de la soulever, puis de l'abaisser. Le rouage doit donc pouvoir faire mouvoir de bas en haut, puis de haut en bas, la règle A, dentée en crémaillère, à laquelle la valve est suspendue.

Ce renversement de mouvement est obtenu comme il suit.

Détail de l'embrayage (fig. 2).

F, E, roues à denture conique, portées chacune par un manchon libre sur l'arbre K.

D, roue dont la denture est également conique, montée sur l'arbre *d*. — Cet arbre porte un pas de vis à filet carré.

Le mouvement de l'arbre *d* est transmis à la crémaillère A par l'arbre *a*, sur lequel sont montés le pignon *b* et la roue C.

Entre les roues F et E, on voit la bague d'embrayage susceptible de glisser très-facilement dans le sens de la longueur de l'arbre. — Cette bague porte une goupille qui s'engage dans une mortaise longitudinale pratiquée sur l'arbre, de sorte que la bague est forcée de tourner avec ce dernier. — Une fourchette embrasse cette bague (*fig.* 4) et porte deux pointes d'acier *q* et *q'*, destinées à s'engager dans les filets dextrorsum et sinistrorsum, ménagés sur la bague. — Deux disques G, G sont fixés sur la bague. — Contre ces disques viennent s'appuyer les extrémités de deux tigelles *v*, *v*, qui sortent d'un barillet H placé sous le pivot inférieur de *d*. — Dans l'intérieur du barillet, ces tigelles appuient sur deux ressorts à boudin, séparés au milieu du barillet par un plan fixe, et tendant toujours par conséquent à repousser les tigelles contre les disques G, G.

Tant que la fourchette reste dans la position verticale, ses pointes *q*, *q'* n'atteignent pas les vis de la bague. — Mais dès que cette fourchette s'incline sur l'arbre, soit d'un côté, soit de l'autre, une des pointes s'engage dans l'un des filets, et l'arbre K venant à tourner, la bague avance vers la roue E ou vers la roue F, selon le sens de l'inclinaison de la fourchette. — Alors la dent *i* de la bague rencontre une dent symétrique ménagée sur le manchon libre qui porte la roue, et entraîne ainsi cette dernière dans le sens du mouvement de l'arbre. — L'autre roue tourne en sens inverse.

Quant à la roue horizontale D, elle est toujours engrenée avec les deux autres ; — et elle tourne de gauche à droite ou de droite à gauche, selon qu'elle est menée par la roue E ou par la roue F.

C'est ainsi qu'elle fait monter ou descendre la crémaillère A.

Il résulte des détails qui précèdent, que les mouvements de la crémaillère, et par suite ceux de la valve, dépendent de la position de la fourchette *qq'* (*fig*. 1).

Si cette fourchette s'incline d'un côté, la crémaillère A monte, par exemple.

Si l'inclinaison de la fourchette a lieu du côté opposé, la crémaillère descend.

Enfin, si la fourchette est parfaitement verticale, la crémaillère reste au repos.

C'est le courant électrique venant du manomètre à contacts, placé en ville, qui détermine les changements de position de la fourchette, au moyen des dispositions suivantes.

Détail des organes destinés à utiliser le courant électrique (fig. 2, 4 et 5).

J' borne du fil de ligne venant du manomètre à contacts.

B, B, B', B' électro-aimants, portant au-dessus et au-dessous de chaque couple des vis d'écartement.

J borne du fil de terre. Ce fil en quittant le rouage doit traverser le galvanomètre.

La *fig*. 5 montre les électro-aimants en place.

n aimant à pôles fixes, solidement rivé à l'arbre *m*.

o, o vis servant à régler l'étendue de la course de l'aimant *n*.

La *fig*. 4 montre la fourchette *qq'* fixée par la tige *p* sur l'arbre *m*, de manière à faire corps avec ce dernier.

Ainsi la fourchette et le barreau aimanté *n* sont fixés d'équerre sur l'axe *m* ; — ce dernier tourne entre deux pointes, comme on le voit *fig*. 2. — De plus, la plaque de cuivre portant notre nom fait équilibre au poids du barreau aimanté.

On voit maintenant que si le courant électrique vient à traverser les électro-aimants, l'aimant *n* sera attiré de bas en haut, ou de haut en bas, selon le sens du courant. En même temps, l'une des deux pointes *q* et *q'* de la fourchette s'engagera dans l'un des pas de vis de la bague ; et si dans cet état le rouage tourne, tous les effets nécessaires seront successivement accomplis. C'est ainsi que la valve sera ouverte ou fermée dans la mesure convenable pour corriger l'écart de pression qui dans le réseau avait réagi sur le manomètre à contacts.

Une fois la correction obtenue, il faut simplement que le rouage s'arrête ; alors se trouvera réalisée la troisième condition dont nous avons parlé, et qui consiste à assurer la persistance d'une situation donnée. Pour arriver à ce résultat, il suffisait de disposer les choses de façon que le rouage ne pût tourner que lorsque le courant électrique passe, et qu'il fût forcément arrêté dès que ce passage est interrompu ; ce qui a lieu de la manière suivante.

Détail des organes d'arrêt (fig. 2 et 3).

L'arbre *m* porte une réglette *zz* qu'on voit en coupe dans la *fig*. 3. — Cette réglette est parallèle à la tige *p* de la fourchette, de sorte que si cette dernière est dans la position verticale, la réglette appuie à la fois contre les deux chevilles de la bielle fourchue qui porte ces chevilles elles-mêmes (*fig*. 3). — Cette bielle est reliée, comme le montre le dessin, à la tige X, portée par l'axe *t*, — et l'extrémité supérieure de cette tige est attirée par le ressort à boudin *y*, tendu convenablement par la vis W.

Par suite de la liaison existant entre ces diverses pièces et de l'équilibre établi entre les organes disposés de chaque côté de l'arbre *m*, il suffit que le ressort *y* soit légèrement tendu, pour que la bielle *zz* ramène la fourchette dans la position verticale, et l'aimant *n* au milieu de sa course. — Nous avons dit que cette position est celle qui correspond à l'interruption du passage du courant. — C'est en même temps celle qui produit l'arrêt du rouage, parce que le levier *u*, rencontrant l'extrémité de la tige X, ne permet plus au volant de tourner.

Dès que le courant passe, au contraire, la position nouvelle prise par l'aimant *n* fait tourner l'arbre *m* sur son axe; alors l'une des chevilles *zz* repousse la bielle horizontale reliée à la tige X. Le levier *u* est dégagé et le volant devient libre.

Les détails qui viennent d'être donnés montrent que si c'est le courant électrique qui permet au rouage de marcher, c'est le ressort *y* qui le maintient au repos. Ce ressort forme donc l'obstacle à la mise en marche, et dès lors il ne doit jamais être tendu de manière à opposer une résistance que le courant électrique ne pourrait pas surmonter. C'est là le seul détail à surveiller.

Lorsque le volant est libre, voici comment le mouvement se transmet aux diverses roues de la machine.

I   corde de suspension d'un poids de 5 ou 6 kilogrammes.
f   rouleau servant à régulariser l'enroulement de la corde sur le treuil.
Y   treuil.
k   grande roue du treuil.
k'   roue à cliquet pour le remontage du poids (*fig.* 1).
l   pignon d'engrenage de la roue *k*.
L   arbre du pignon *l* et de la roue M.
N   pignon d'engrenage de la roue M.
K   arbre du pignon N et de la roue P.
Q   pignon d'engrenage de la roue P, fixé sur le même arbre que la roue R.
S   pignon d'angle de la roue R, et sur l'axe duquel est fixé le volant V.

Il ne reste plus à expliquer que le rôle du ressort T.

Il est évident que, dans un rouage mû par un poids, la pesanteur propre du poids se transmet à travers tous les organes du rouage, depuis le treuil jusqu'au volant; de telle sorte que si ce dernier est arrêté par un obstacle, tous les points de contact entre ces divers organes adhèrent entre eux avec une énergie d'autant moins grande, il est vrai, qu'ils sont plus éloignés du treuil, mais dont il fallait cependant tenir compte dès que le passage d'un faible courant électrique devait être la seule cause occasionnelle de la mise en marche du rouage.

Le ressort T a pour but de détruire l'action du poids moteur sur la bague d'embrayage, en laissant subsister cette action seulement sur les engrenages allant du treuil au volant.

La *fig.* 3 montre ce ressort, et permet de se rendre compte de son effet.

Disons d'abord que l'extrémité centrale de la spirale, formée par ce ressort, est fixée à l'arbre du pignon Q (*fig.* 1 et 2). L'autre extrémité de la spirale traverse un goujon latéral, non figuré au dessin et rivé sur le côté de l'un des bras du levier d'arrêt *u*. Ce dernier levier est fixé à un manchon libre sur l'arbre du pignon Q et n'est solidaire des mouvements de cet arbre que par l'intermédiaire du ressort T.

Lorsque le passage de l'électricité vient à cesser :

La tige X est brusquement ramenée à la position d'arrêt par le ressort *y*; le levier *u* se pose sur la tige X ;

Mais le mouvement du volant se continue en vertu de la force acquise ; — bientôt cette force s'est épuisée à tendre le ressort T ;

Alors le ressort T se détend et fait tourner en arrière l'axe du pignon Q ; — ce mouvement de recul se transmet du pignon Q à la roue P, par conséquent à l'arbre K, et par suite à la bague d'embrayage.

La pointe i de cette bague quitte aussitôt le contact avec la roue qu'elle conduisait, et les tigelles v, v peuvent ramener la bague dans la position où elle n'agit sur aucune des deux roues F et E, mais se trouve prête à porter son action sur l'une ou sur l'autre.

C'est M. Bréguet qui a bien voulu se charger de la construction de ce rouage, et de réaliser cette application de l'électricité à la mécanique. Entre des mains aussi habiles, et avec un concours pareil, nous avions le droit d'espérer que toutes les difficultés seraient pleinement résolues. C'est en effet ce qui a eu lieu, et nous n'avons encore constaté à l'emploi ni un inconvénient ni une erreur.

OBSERVATIONS SUR LE ROUAGE.

1° Ainsi que nous l'avons dit, la tension du ressort y est le seul point qui puisse exiger une certaine surveillance ; et nous avons indiqué que cette tension doit toujours être proportionnée à la force de la pile (1).

2° Les arbres m et t doivent être légèrement libres entre leurs pointes.

3° L'axe m est bien en place, lorsque les pointes q et q' de la fourchette p se présentent bien en face du fond des pas de vis de la bague d'embrayage, cette dernière étant dans la position d'inaction.

4° Les arrêts o, o (fig. 5), qui règlent la course de l'aimant, servent aussi à régler l'engagement des pointes q et q' dans les pas de vis de la bague d'embrayage. — Lorsqu'on veut régler ces arrêts o, o, il faut donc commencer par leur donner la position convenable pour obtenir sans excès l'enfoncement complet des pointes q et q' dans ces pas de vis. — Après cela, on modifie l'écartement des barreaux de fer doux, formant la monture des bobines, de manière à amener ces montures aussi près que possible de l'aimant n, mais cependant sans qu'il puisse y avoir contact lorsque le courant passe.

5° La vitesse du rouage se modifie par le plus ou moins d'inclinaison donnée aux ailes du volant. — On arrive par tâtonnement à trouver celle qui convient le mieux aux besoins du service.

S'il se produit un affaissement continu de pression dans le réseau pendant l'allumage, c'est que la vitesse du volant n'est pas assez grande.

Si cette vitesse était trop considérable, il se produirait des contre-marches *à l'allumage*, c'est-à-dire que le rouage fermerait après avoir ouvert, et procéderait par oscillations.

---

(1) Nos électro-aimants sont ce qu'on appelle des bobines de 4 kilom. Leur résistance totale dans le rouage est donc de 8 kilom. auxquels il faut ajouter la longueur du fil de ligne. D'autre part, la constance du courant est indispensable. Ces données guident dans le choix de la pile. Nous conseillons la pile de M. Leclanché ; quatre éléments n° 1 suffisent pour le rouage seul.

L a vitesse est convenable, lorsque le rouage se borne à ouvrir, avec de courts intervalles d'arrêts, pendant la durée de l'allumage.

MODES D'INSTALLATION DU RÉGULATEUR D'ÉMISSION.

APPAREIL AUTOMOTEUR. — VALVE ET TUYAU DE RETOUR.

D'après ce que nous avons dit de la valve d'émission, le régulateur est automoteur si le uyau de retour est ramené sous la cloche de cette valve ; ajoutons que, dans le cas assez fréquent où l'usine a plusieurs conduites maîtresses, il est possible de se dispenser d'installer un long tuyau de retour particulier. Il suffit de régler l'écoulement sur une des conduites avec un régulateur de consommation, sur les autres avec un seul régulateur d'émission, dont le tuyau de retour est pris sur le tuyau du régulateur de consommation et après ce dernier. Alors, dès que la pression sur celui-ci baisse par insuffisance, le tuyau de retour fait ouvrir le régulateur d'émission, qui vient fournir le supplément nécessaire à la consommation. Dans le cas de la tendance à l'élévation de pression, la valve d'émission se ferme avant le régulateur de consommation, qui reste seul ensuite pour régler les dépenses que son tuyau peut alimenter sous la pression de marche du réseau.

Nous pensons qu'avec cette disposition, on peut, sans recourir à l'électricité, obtenir un réglage parfait, lors même qu'entre la ville et l'usine il y aurait une distance bien supérieure à 700 mètres.

Si l'on ne peut adopter aucune de ces deux dispositions, on se borne à faire aboutir le tuyau de retour sous le manomètre à contacts électriques, qui doit être toujours installé dans le centre du réseau ou le plus près possible de ce centre. On peut utiliser cette dernière disposition de deux façons, que nous allons successivement indiquer.

APPAREIL NON AUTOMOTEUR. — AVERTISSEUR A CARILLON.

Si l'on ne demande au manomètre dessiné *Pl.* IV que des indications à transmettre à l'usine, le cadran ne se compose plus que de deux parties séparées par les isoloirs f, f'. — La borne s est supprimée. — Toute la partie du cadran au-dessus du diamètre ff' est d'une seule pièce, et communique avec la borne a ; — toute la partie inférieure communique avec la borne b.

Le fil, en sortant de a, va jusqu'à l'usine, où il passe dans une sonnerie, puis dans un galvanomètre et de là à la terre (1). A l'usine, la seule disposition à prendre est de faire commu-

___

(1) Nous recommandons d'établir les contacts pour le fil de terre par de gros fils soigneusement soudés sur les conduites et reliés ensuite aux appareils par des bornes facilement accessibles.

niquer le robinet *M* de la valve d'émission (*Pl.* III, *fig.* 1 et 2) avec le tuyau de sortie F ; alors c'est le gaz de sortie de la valve qui devient le moteur de cette dernière.

En ville, après avoir garni d'eau de pluie le bassin du manomètre jusqu'au bouton de niveau, on fait pénétrer le gaz du tuyau de retour par le robinet M sous la cloche du manomètre (*Pl.* IV, *fig.* 3), qu'il soulève à une hauteur correspondant à la pression dans le réseau. Supposons que cette pression soit celle qu'on veut conserver et que nous appelons *pression de marche*; on commence par placer sur la cloche du manomètre un certain nombre de poids pour l'amener à peu près au milieu de sa course; après cela, on passe le fil sur la poulie en la faisant tourner jusqu'à ce que les aiguilles viennent reposer sur les isoloirs *f*, *f'*.

Dans cet état, tout est complet et l'appareil peut fonctionner, car si la pression varie, le flotteur monte ou baisse, les aiguilles quittent les isoloirs, le courant passe, la sonnerie à l'usine avertit l'employé chargé de la manœuvre de la valve, et le galvanomètre indique s'il faut mettre des poids sur la cloche *p* (*Pl.* III) ou en enlever.

La correction doit être faite par l'addition ou l'enlèvement successif de faibles poids, à quelques secondes d'intervalle, car la sonnerie s'arrête dès que cette correction est suffisante. Si l'on procède trop vite à l'usine, on donne naissance à la nécessité d'une nouvelle correction en sens inverse.

Pour modifier la *pression de marche* dans le réseau, la diminuer par exemple, on enlève sur la cloche du manomètre (en ville) les poids correspondant à cette diminution (1). Le flotteur devenu plus léger se soulève; le carillon sonne à l'usine et commande la correction, qu'on opère comme il vient d'être dit. — Pour faire augmenter la pression dans le réseau, il faudrait au contraire charger la cloche du manomètre de nouveaux poids.

Nous venons de supposer que l'usine qui veut employer l'avertisseur à carillon possède une valve d'émission.

Mais le manomètre à contacts peut s'employer avec une valve quelconque du type de Clegg, et même avec une valve sèche, ou un robinet. — Tout cela permet d'obtenir un réglage certain, du moment qu'une sonnerie signale les modifications de pression à mesure qu'elles se produisent dans le réseau, et que ce signal se complète par l'indication du sens dans lequel la correction doit avoir lieu.

Notre régulateur de consommation peut donc parfaitement suffire dans ce cas; il offre alors, sur les imitations du type de Clegg, l'avantage d'agir avec plus de précision, et de permettre de corriger exactement des variations de un seul millimètre; de plus, comme il ne fait jamais étranglement sur la canalisation, il permet d'utiliser toute la puissance d'émission de la colonne de départ. Enfin il est beaucoup moins volumineux, et son prix est peu élevé.

---

(1) Dans nos manomètres à contacts, 20 grammes de poids correspondent à 1 millimètre de pression.

APPAREIL AUTOMOTEUR. — VALVE. — ROUAGE. — MANOMÈTRE DU TUYAU DE RETOUR.

Il faut à l'usine dans ce cas un régulateur d'émission, et le rouage sert à le faire fonctionner.

Pendant le jour, à cause de la faible consommation, le réseau est souvent à l'état, de réservoir à partir de l'usine ; on peut donc faire fonctionner la valve en la mettant en mouvement par le gaz de sortie, comme dans le cas où l'on emploie un tuyau de retour (page 36). Cela permet d'utiliser le fil électrique de toute autre façon, comme télégraphe par exemple.

Le rouage doit être relié au régulateur, soit directement s'il est placé au-dessus de ce dernier, soit par une chaînette passant sur des poulies de renvoi si l'on préfère l'installer à côté du régulateur ou dans une pièce voisine. En tout cas, il faut l'arranger de manière que les positions extrêmes de la crémaillère correspondent aux positions extrêmes de la valve.

En ville, le manomètre à contacts électriques doit être installé comme dans le premier cas (page 36), mais alors il se compose de trois portions de cadran (*Pl.* IV).

La portion b communique avec la terre.

Les segments s, s' se réunissent pour fournir un premier fil destiné au rouage.

La portion a du cadran fournit un deuxième fil destiné à une sonnerie placée à l'usine.

La mise en train doit se faire dans le jour ; on amène d'abord le gaz (*Pl.* IV, *fig.*3) en M dans le manomètre, et, après avoir équilibré le flotteur de façon qu'il soit à 2 ou 3 centimètres du bas de sa course, on fait glisser la poulie sous le fil pour amener les aiguilles sur les isoloirs f, f' (*fig.* 1).

A l'usine, on reçoit les deux fils s et a.

Le fil a est mis sur la sonnerie, d'où il est mené au galvanomètre, puis à la terre.

Le fil s est mis provisoirement sur le galvanomètre à la même borne que le fil de sortie de la sonnerie.

Si le courant passe et indique une correction à faire, on charge ou l'on décharge lentement et peu à peu la cloche p de la valve d'émission (*Pl.* III), jusqu'à ce que la sonnerie s'arrête.

En faisant alors tourner à la main la roue D (*Pl.* V) du rouage, on élève ou l'on abaisse la crémaillère jusqu'à ce qu'on puisse attacher la tige A au régulateur.

Dès que cela est fait, le régulateur est solidaire du rouage, et l'on tourne le robinet $\mathcal{M}$ (*Pl.* III) du tuyau de retour pour arrêter le gaz et faire communiquer la cloche p avec l'atmosphère. Il faut alors décharger le régulateur, en ne lui laissant qu'un poids de 1 kilogramme ou 2 pour assurer son obéissance au rouage, enlever ensuite le fil s du galvanomètre, l'amener à la borne J′ du rouage (*Pl.* V) et joindre le borne J à la borne du galvanomètre, qui reçoit déjà le fil de sortie de la sonnerie. Ce changement de direction du fil s peut être réalisé par un commutateur, et l'on voit que la mise en fonction du rouage, chaque soir, une heure avant l'allumage, devient très-facile et très-rapide (1).

Toutes ces dispositions étant prises, l'appareil est prêt à fonctionner et à ouvrir ou fermer le passage du gaz au fur et à mesure des besoins de la consommation.

En effet, aux premiers becs ouverts, si la pression baisse d'un seul millimètre, la cloche du manomètre (*Pl.* V) s'enfoncera en entraînant les aiguilles l, l', qui quitteront les isoloirs f, f'. Le pôle cuivre communiquera avec le rouage à l'usine par l'aiguille l', le segment s' et le fil s, tandis que le pôle zinc communiquera avec la terre par l'aiguille l et le segment b ; le courant passera donc à l'usine dans le rouage pour faire baisser la crémaillère A, — la valve s'ouvrira, la pression augmentera dans le réseau, la cloche du manomètre (*Pl.* IV) remontera jusqu'à ce que les aiguilles l l' reviennent sur les isoloirs f, f'.

Au moment des extinctions, si la pression dans le réseau s'élève d'un seul millimètre, les aiguilles quitteront encore les isoloirs, mais c'est le pôle zinc qui communiquera avec le rouage par l'aiguille l et le segment s, tandis que le pôle cuivre communiquera avec la terre par l'aiguille l' et le segment b. Le courant passera donc encore dans le rouage, mais en sens contraire et fera lever la crémaillère A, c'est-à-dire fermer la valve, etc.

Examinons le cas où une variation de pression très-brusque et très-considérable se produirait en ville, de telle sorte que le rouage ne pût corriger assez vite cette perturbation (2).

L'aiguille l ou l', après avoir commencé à faire marcher le rouage, dépasserait l'un des segments s ou s', et arriverait sur l'un des isoloirs g ou g', *le rouage s'arrêterait alors* ; mais aucune correction n'ayant lieu, l'aiguille continuant son mouvement arriverait sur le segment a. Le courant passerait alors sur la sonnerie et sur le galvanomètre.

Le contre-maître, appelé par la sonnerie, vient faire à la main la correction dans le sens qu'indique le galvanomètre, en faisant tourner la roue D (*Pl.* V).

A mesure que la correction se fait, elle réagit en ville sur le manomètre ; l'aiguille, qui était sur le segment a, se rapproche soit de s, soit de s'. Bientôt la sonnerie s'arrête ; c'est que l'aiguille est revenue sur les segments liés au rouage. Ce dernier *se remet alors en marche* pour achever la correction.

Si l'on voulait changer la pression de marche, on opèrerait comme il a été dit précédemment pour l'appareil non automoteur.

Nous ne saurions trop recommander d'agir toujours avec lenteur, attendu que les écarts sont très-faibles et les corrections très-rapides.

---

(1) Le sens dans lequel le courant doit passer dans le rouage et dans le galvanomètre dépend de l'installation du manomètre en ville et de la position du rouage par rapport au régulateur, soit qu'il se trouve au-dessus de ce dernier, soit qu'il agisse par transmission. Pour s'assurer que les fils aboutissent exactement à l'usine, aux bornes qui leur conviennent, on ouvre légèrement la valve en faisant tourner la roue D, et quelques secondes après, le rouage doit fermer la valve ; en même temps le galvanomètre doit indiquer qu'il faut fermer. Si cet effet n'est pas obtenu, il faut changer les fils de borne, au rouage et au galvanomètre.

Il est utile de rassembler les fils de sortie du rouage et de la sonnerie dans la même borne du galvanomètre, afin de connaître toujours le sens du courant, quel que soit l'appareil mis en jeu par l'électricité.

(2) Nous devons remarquer que ce cas hypothétique résultant d'un accident, une rupture des conduites maîtresses par exemple, ne s'est jamais rencontré jusqu'ici dans la pratique, nous ne l'examinons que pour ne rien laisser de côté.

Pour compléter ces descriptions, nous devons montrer que le régulateur d'émission, organisé comme il vient d'être dit, répond au but proposé, et produit l'effet nécessaire. La théorie qui va suivre rendra cela de la dernière évidence ; elle s'appuie sur les faits déjà cités dans notre *Traité* et sur les observations que la pratique nous a permis de faire depuis sa publication.

DE LA RÉPARTITION DES PRESSIONS DANS UN RÉSEAU.

DOUBLE MODE DE FONCTIONNEMENT DES TUYAUX. — RÉCIPIENTS DE DISTRIBUTION. — TERRAIN DE PRESSION.

Si l'on imagine que la pression du gaz soit mesurée au même instant en tous les points d'un réseau, elle aura en cet instant des valeurs différentes aux différents points. Cela tient à deux ordres de causes : l'un parfaitement connu, c'est la différence du niveau ; l'autre plus difficile à étudier, c'est la perte de pression due au frottement du gaz dans les tuyaux, aux coudes, aux étranglements, etc. Nous appellerons, dans ce qui suit, *pression réduite en un point*, ou simplement *pression*, ce que serait la pression véritable si, toutes choses égales d'ailleurs, le point considéré était au niveau d'un plan horizontal choisi le même pour tous les points du réseau. Cette réduction est aisée à faire, puisque si le niveau s'élève ou s'abaisse de 1 mètre, la pression, par suite de la différence de la densité de l'air et du gaz, s'élève ou s'abaisse d'environ $0^m,00083$. Nous pouvons donc étudier une canalisation dont le niveau varie, comme si elle était horizontale, et c'est dans cette dernière hypothèse que nous allons nous placer.

Répétons, en commençant, que tout ce que demande un consommateur, c'est que la pression soit invariable à son branchement et qu'elle y ait une valeur suffisante, puisque, s'il trouve cette valeur trop considérable, il peut la réduire par des robinets dont il fixera l'ouverture une fois pour toutes. Ces robinets, pour n'avoir pas d'inconvénient, doivent s'appliquer à chaque bec. Comme ils permettent de ramener la pression dans les points élevés à la valeur qu'elle aurait dans le plan horizontal de la canalisation, nous les avons appelés *niveleurs*.

Quand, dans un réseau, la pression varie en certains points et à certains moments, suivant les extinctions et les allumages voisins, sans que la pression ait varié à la sortie de l'usine, on dit qu'en ces points la canalisation est *insuffisante* ; si le réseau tout entier est dans ce cas, la canalisation tout entière est insuffisante.

Tout le monde reconnaît que cette possibilité de variation n'est pas l'état désirable d'une bonne distribution, et qu'il faut toujours s'efforcer d'avoir une canalisation suffisante. Mais on oublie presque toujours d'ajouter que, pour admettre qu'il y a vraiment insuffisance, l'alimentation du réseau doit pouvoir être à chaque instant égale à la dépense ; sans cela la pression varierait toujours en chaque point suivant les dépenses, que la canalisation soit ou non suffisante.

Ces définitions, quelque simples qu'elles paraissent, ne présentent pas à la réflexion une idée nette. En effet, elles semblent séparer absolument une canalisation suffisante d'une canalisation insuffisante, ce qui n'est pas, puisqu'un point où la canalisation est suffisante à un moment donné peut, l'instant d'après, n'être plus dans ces conditions. En voici la raison : ce que l'on a appelé *suffisance d'un réseau* n'est pas fonction seulement de la disposition des tuyaux et de leurs dimensions, mais aussi de la dépense qu'on leur fait faire à une pression déterminée.

Pour nous, nous considérons tout tuyau (*voir* 1re partie du *Traité*, pages 71 et suivantes) de deux façons, suivant son mode de fonctionnement. Jusqu'à une certaine dépense, il fonctionne comme *réservoir*, c'est-à-dire que la pression reste sensiblement constante en un point, malgré les variations de la consommation. Au delà de cette dépense, il devient *tuyau d'écoulement* et la pression en un point diminue constamment quand la consommation du tuyau augmente. Nous admettons en outre qu'à chaque instant l'alimentation est maintenue égale à la dépense, ce qu'on obtient avec notre valve d'émission.

De ce qui précède, il faut conclure que, jusqu'à une certaine dépense, toute canalisation fonctionne d'abord tout entière comme réservoir ; quand la dépense augmente, certaines de ses parties fonctionnent comme canal d'écoulement ; puis enfin elle arrive à fonctionner tout entière comme canal d'écoulement, si l'on exagère suffisamment la dépense.

Voici donc ce que nous entendons par une *canalisation suffisante*, et c'est là notre point de départ : c'est une canalisation dont les dispositions sont telles, qu'elle fonctionne *encore* comme réservoir à la dépense maximum qu'on lui fait faire, l'alimentation étant instant par instant égale à la dépense. Nous devons préciser le sens qu'il faut attribuer à cette dernière condition. Il est évident qu'en somme la dépense est toujours égale à l'alimentation, puisqu'il ne peut sortir des tuyaux plus de gaz qu'il n'en vient de l'usine ; mais nous entendons que cette égalité doit avoir lieu instant par instant, c'est-à-dire que tout volume brûlé est immédiatement remplacé par un volume égal dans les mêmes conditions.

Si, quand on allume un bec, le débit de l'usine n'augmente pas juste de ce qu'il faut à ce bec, la consommation de ce dernier se fait aux dépens des autres, et nous disons que l'alimentation n'est pas égale à la dépense qui tend à se faire. On voit par là que, dans les rapports entre l'alimentation et la dépense, c'est-à-dire entre les usines et les consommateurs, l'usine a le rôle passif et les consommateurs ont le rôle actif ; en d'autres termes, l'usine doit se plier aux exigences de la dépense.

Dans les usines qui se servent d'une valve de Clegg, et dont la canalisation au moment de l'éclairage général laisse quelque chose à désirer, on peut se convaincre facilement que le réseau fonctionne de deux façons distinctes. Qu'on observe, en effet, pendant l'allumage, d'une part la valve et le manomètre placé à la sortie de la valve, de l'autre les manomètres ou les flammes placées en ville. On verra d'abord la valve s'ouvrir automatiquement à mesure que les allumages se multiplient ; les flammes gardent leurs dimensions et les manomètres restent immobiles, aussi bien ceux de la ville que ceux de la sortie de l'usine; *pendant tout ce temps, on dessert en ville des volumes variables sous une pression constante.* — Bientôt cependant le nombre de becs allumés devient plus considérable; il dépasse une certaine limite; alors le mouvement de la valve s'arrête, ou devient inappréciable. Le manomètre de sortie marque toujours la même pression, qui est celle donnée par le poids de la valve, mais ceux de la ville baissent de plus en plus, à mesure que l'éclairage se généralise. Si l'on veut rétablir en ville la pression initiale, il faut alors charger la valve de poids de plus en plus considérables. — Malgré cette augmentation de pression au départ, les situations ne sont plus comparables, car dans le premier cas les pressions réduites dans tous le réseau étaient à peu près uniformes, et dans le deuxième cas il s'établit un régime de pression décroissante de l'usine aux extrémités du périmètre.

Voici ce qui s'est passé.

L'orifice de sortie S sous la cloche de la valve de Clegg a une certaine surface A, la pression est p sous la valve, p' en ville. Quand l'allumage commence, la dépense étant très-faible, les volumes de gaz transporté peu considérables, les pertes de pression presque nulles, p' reste sensiblement constant et peu différent de p. A étant fixe, p et p' aussi, il peut passer en S, si l'on ouvre des becs en ville, des volumes variables sous la même pression, jusqu'à un certain maximum, limite du débit possible du tuyau dont l'orifice est A; — dans ces conditions, soit V ce maximum.

Jusqu'à ce que ce maximum soit atteint, le tuyau de sortie ne fait que remplacer le gaz qui se dépense, sans fournir tout ce qu'il pourrait laisser passer, et la pression reste à peu près comme dans un *réservoir* où la dépense serait nulle. Tant qu'il se dépense en ville un volume croissant, mais moindre que V, la valve s'abaisse sensiblement pour agrandir l'orifice d'entrée du gaz, en en laissant arriver davantage, puisqu'il s'en dépense plus. Lorsque le maximum est atteint, comme il ne peut passer en S que le volume V, si l'on allume de nouveaux becs, le volume total dépensé sera toujours V. Donc la pression va diminuer en ville sur tous les brûleurs du réseau.

Cette diminution de pression en ville augmente peut-être bien un peu le maximun possible V qui peut passer en S; mais comme cette diminution de pression n'est pas brusque et qu'elle est répartie sur toute la longueur du parcours, elle n'augmente pas V d'une façon assez considérable pour amener des mouvements sensibles de la valve. Ainsi est expliquée l'immobilité de la valve; elle se tient à un niveau tel que le volume V puisse passer autour du cône sous la pression $P - p'$, P étant la pression donnée par le gazomètre. La théorie du double fonctionnement des conduits est entièrement faite par ce qui précède.

Tant que la dépense en ville ne dépasse pas le maximum V, rien n'étant changé à l'usine, le réseau fonctionne comme réservoir.

Dès que l'on a atteint ce maximum et qu'on tend à le dépasser en allumant de nouveaux becs, le réseau fonctionne comme canal d'écoulement en tout ou en partie.

Supposons qu'il faille n becs pour atteindre la dépense V. Tant que l'on aura $N < n$, N étant le nombre de becs allumés, chaque bec aura une consommation indépendante du nombre des brûleurs allumés, puisque dans l'état de réservoir la pression reste sensiblement invariable. Soit D la dépense de chaque bec; par hypothèse on a $n\,D = V$, d'où $D = \dfrac{V}{n}$, en prenant le cas théorique de becs identiques.

Si maintenant on allume N′ becs, $N' > n$, le maximum s'accroît un peu et devient V′, puisque l'excès de la pression initiale sur celle du réseau s'accroît. La consommation de chaque bec ne pourra plus être $\dfrac{V}{n}$; elle serait pour chacun d'eux uniformément $\dfrac{V'}{N'}$ si , comme dans le cas du réservoir, la pression restait constante tout en se fixant à une valeur inférieure. Mais ce n'est pas là ce qui se produit, puisque avec le régime d'écoulement commence celui des pressions décroissantes. En réalité la dépense de chaque bec n'est donc pas $\dfrac{V'}{N'}$; elle varie d'un bec à l'autre; mais au bec qui dépense le plus, elle est inférieure à $\dfrac{V}{n}$.

On comprendra très-facilement comment les fractions de réseau ont aussi le double fonctionnement. Soit S′ la section de l'embranchement de cette fraction de réseau ; on peut répéter sur l'alimentation par S′ tout ce que nous venons de dire sur l'alimentation du réseau général par le tuyau de sortie S.

Pour satisfaire aux besoins de la consommation, qui exige que la dépense dépasse V, on ajoute des poids sur la valve. Par là on augmente la pression sous la valve c'est-à-dire qu'on augmente le maximum relatif V, ce qui relève la pression en ville au moins en certains points. On n'est limité dans cette voie que parce que la pression sous la valve ne peut dépasser celle du gaz situé dans le gazomètre; si malgré tout on n'a pas pu satisfaire aux nécessités de l'éclairage, le mal est sans autre remède que le changement des tuyaux de la canalisation en tout ou en partie et l'augmentation de leur diamètre.

Un exemple théorique peut encore aider à se rendre compte de ce qui se passe dans un réseau.

Soit (*fig.* 6, *Pl.* I) un espace M alimenté en A par un espace infini situé à gauche de A, où la pression différentielle (1) est p. M dépense sur son parcours par un certain nombre de brûleurs. Si nous fermons tous ces brûleurs, et que nous placions en B un orifice égal à la somme des orifices des brûleurs, il est facile de voir, d'après ce qui a été déjà dit, que la perte de pression sera plus forte que dans le cas où la dépense est répartie. Si donc nous trouvons que jusqu'à une certaine grandeur de B, correspondant à une certaine dépense, la pression reste sensiblement constante dans M, il en sera *à fortiori* de même quand la même dépense sera répartie.

---

(1) La pression différentielle est la différence entre la pression absolue et la pression atmosphérique.

Soient x la pression différentielle dans l'espace M, S la section de l'orifice A, mS la section de l'orifice B ; nous supposerons A et B en mince paroi.

En A, l'expression de la dépense dans l'unité de temps est

$$SK\sqrt{p-x} ;$$

en B, la dépense est

$$m\,SK\sqrt{x},$$

K représentant une constante commune pour les deux orifices ; d'où, en égalant ces deux expressions, supprimant les facteurs communs et élevant au carré,

$$p - x = m^2 x,$$

d'où enfin

$$x = p\frac{1}{1+m^2}.$$

Si m est assez petit, c'est-à-dire si le rapport des orifices B et A est peu considérable, on voit que x est peu différent de p, et par suite sensiblement constant. L'espace M fonctionne alors comme réservoir. Dans la pratique, nous comptons 6 becs 1/4 par centimètre carré de tuyau, ou $0^{mq},000016$ de section par bec, ce qui donne au plus $\frac{1}{5}$ pour la valeur de m. Ainsi, avec les dimensions admises, pour qu'une canalisation soit suffisante, on aurait au plus

$$x = p\frac{1}{1+\frac{1}{25}} \quad \text{ou} \quad x = p\frac{25}{26}.$$

La différence entre p et x serait au plus $\frac{1}{26}$ de p.

Nous savons bien que l'écoulement par les becs n'est pas en mince paroi, mais il se fait en suivant une formule de même forme que celle que nous avons déjà employée ; K seul est différent. Nous savons aussi que la pression n'est pas identiquement la même en tous les points de M. Nous nous tenons ainsi à côté, mais le plus près possible, des vrais phénomènes, et c'est la seule marche à suivre, pour se rendre compte de questions où tout manque, les documents expérimentaux, aussi bien qu'une théorie mathématique exacte.

Nous admettons donc que, pour qu'une canalisation tout entière soit bien desservie en tous ses points, il suffit qu'en coupant un des tuyaux en un point quelconque, la consommation tout entière faite au delà de ce point ne dépasse pas 140 litres à l'heure, par $0^{mq},000016$ de section des conduits. Cette consommation de 140 litres à l'heure est ce que nous appelons un *bec*. L'anastomose des tuyaux n'infirme pas cette règle ; elle oblige seulement dans la pratique à examiner de quel côté se fait l'alimentation, et nous avons fait remarquer, dans notre *Traité* (1re partie), que souvent, dans le cours de la même soirée, le courant de gaz, après avoir existé dans un sens, s'établit en sens contraire. Notons, comme exception à la règle des $0^m,000016$ par bec, que les plus petites ramifications ne doivent pas, même lorsqu'il n'y a qu'un bec, avoir moins de $0^m,01$ de diamètre, et qu'au dessous de 100 becs on prend des dimensions

— 45 —

un peu plus fortes que celles données par notre règle. Avec ces restrictions, la condition des $0^{mq},000016$ par bec est suffisante, mais elle n'est pas toujours nécessaire, et à mesure qu'on prend de très-grands diamètres, on peut augmenter la consommation plus que nous ne l'indiquons; mais ici encore manquent les documents expérimentaux (1).

Lorsque l'éclairage d'un réseau laisse à désirer, on peut souvent l'améliorer et même le rendre parfait sans modifier de fond en comble la canalisation, et, pour rentrer dans le cas présenté comme type, il suffit fréquemment de quelques travaux simples et peu dispendieux.

Nous allons prendre un exemple qui montrera le parti qu'on peut tirer alors de nos récipients auxiliaires, placés en certains endroits d'une canalisation, et que nous appelons *récipients de distribution*.

Soit en A (*fig.* 7, *Pl.* I) une usine ; en B la conduite maîtresse distribue le gaz dans le réseau, par les conduits E, F, ...

Supposons que le réseau ne fonctionne pas ordinairement comme réservoir; le régime de pression est très-différent d'un point à l'autre à un même instant et d'un instant à l'autre au même point. Dans cette hypothèse, l'usine est obligée de faire varier constamment la pression de départ, et de l'élever beaucoup lorsque l'allumage est complet, pour que les points extrêmes du réseau aient une pression suffisante. Il n'y a plus à insister sur les inconvénients de cette situation; on est d'accord à cet égard. Voici le remède.

Coupons la conduite maîtresse en B et faisons-la déboucher (*fig.* 8) dans un récipient C sur lequel se raccordent les tuyaux de distribution (2).

Plaçons l'origine du tuyau de retour en C ; et, au moyen de notre valve d'émission, déterminons la pression dans ce récipient à la valeur p'' que nous voulons maintenir dans le réseau.

Dans le cas de la *fig.* 7, la pression était p en A, p' en B. L'usine envoyait donc le gaz dans le réseau sous la pression $p-p'$.

Dans la *fig.* 8, elle l'envoie sous la pression $p-p''$. On voit qu'en diminuant p'' le plus possible on augmente $p-p''$, c'est-à-dire la puissance de débit de AB. — Cette augmentation de puissance de débit va peut-être suffire à l'alimentation convenable des tuyaux CE CF, ... — Alors le réseau pourra fonctionner comme réservoir sous la pression p'', si chacun des tuyaux CE, CF, ... a les dimensions convenables pour satisfaire à sa consommation particulière sous la pression p'' ; c'est-à-dire que le problème sera résolu.

On peut encore, à l'usine, augmenter p jusqu'à la limite de pesanteur du gazomètre, ce qui accroît $p-p''$, c'est-à-dire le débit de AB, et n'a plus d'inconvénients, puisqu'en C la pression reste p''.

---

(1) Cette règle n'a rien d'absolu, puisque la section qu'il faut admettre par bec pour conserver l'état de réservoir dépend de la pression de marche du réseau ; mais en se tenant dans les limites qu'elle trace, on n'a à craindre ni déceptions ni dépenses exagérées.

(2) Les dimensions de C sont déterminées par la condition que la section minimum de C doit être *au moins* égale à la somme des sections des conduits branchés sur lui.

Sans le récipient C et sans notre régulateur, une augmentation de pression au départ n'aurait pas eu le même effet, car si

$$p \text{ devient } p_1' > p,$$
$$p' \text{ deviendrait } p_1' > p',$$

et la différence $p_1 - p_1'$ pourrait n'être pas sensiblement plus grande que $p - p'$; le volume de gaz transporté de A en B, c'est-à-dire de l'usine dans le réseau, n'aurait donc pas sensiblement augmenté.

Si l'éclairage, après l'installation du récipient C, n'est pas encore bien desservi dans son ensemble, cela peut tenir à deux causes :

1° Ou bien les tuyaux CE, CF, ... ne sont pas réellement en nombre suffisant pour alimenter le réseau, auquel cas il faudrait augmenter le nombre de ces tuyaux ou leur diamètre, et les anastomoser entre eux ; — augmenter p'' en C ne servirait à rien, puisque p étant supposé à sa limite, le terme $p - p''$ diminuerait, ainsi que le volume de gaz fourni au réseau ; ce qui entraînerait nécessairement une rapide diminution de la pression à partir de C.

2° Ou bien la conduite maîtresse ne peut alimenter le réseau sous la pression maximum $p_1 - p''$; p_1 étant la pression maximum qu'on peut obtenir avec le gazomètre, et p'' la pression minimum avec laquelle un réseau peut être alimenté (1). — Dans ce cas, il faudrait remplacer la conduite par une autre d'un plus grand diamètre.

Nous avons supposé le tuyau de retour branché en C ; mais si la canalisation fonctionne comme réservoir, il pourrait l'être en tout autre point du réseau, puisqu'en C la pression n'en serait pas moins maintenue constante.

Dans notre explication, on peut se demander à quel moment intervient la nécessité de considérer les dimensions de C, et s'il ne suffirait pas de brancher le tuyau de retour à l'extrémité de la conduite maîtresse sans changement de diamètre.

Si à partir de l'usine toute la canalisation fonctionnait comme réservoir, le tuyau de retour pourrait en effet, comme nous venons de le dire, être branché en un point quelconque du réseau, mais ce n'est pas le cas, puisque nous avons supposé la canalisation insuffisante, et par suite un défaut à corriger. Or, si l'insuffisance existe quelque part, c'est que les diamètres ne sont pas assez forts à l'entrée du quartier mal desservi. Il faut donc absolument augmenter ces diamètres, soit directement par des changements de tuyaux, soit indirectement par le secours des récipients de distribution, si l'on veut que le quartier considéré puisse être suffisamment alimenté sous la faible pression p''.

On voit facilement que si l'on avait à établir plusieurs centres ou récipients de distribution

---

(1) C'est ce que nous appelons la *pression de marche* du réseau

alimentés séparément par une seule usine et desservant des périmètres *indépendants*, il faudrait autant de valves d'émission que de centres, puisque la situation serait la même que si l'on voulait alimenter plusieurs villes avec une seule usine.

S'il s'agit d'un même périmètre alimenté par plusieurs usines et que chaque usine soit pourvue d'un régulateur d'émission, l'emploi judicieux des récipients de distribution offre des ressources dont l'importance est facile à comprendre. Qu'il nous soit permis d'insister sur ce point.

Revenons pour cela à l'hypothèse du réseau horizontal et imaginons un plan contenant les axes de tous les tuyaux formant le réseau (plan existant réellement, puisque nous supposons la canalisation de niveau); réduisons chaque tuyau à son axe, et à un moment donné, en chaque point de tous ces axes élevons une perpendiculaire au plan des axes, proportionnelle à la pression différentielle du gaz en ce point, et à cet instant; nous aurons ainsi dans l'espace une sorte de réseau linéaire formé par le lieu des extrémités de ces perpendiculaires et qui, examiné d'ensemble, nous donnera l'état des pressions dans tout le réseau gazeux (1). — Si, pour matérialiser plus encore cette représentation, nous imaginons les intervalles de ce réseau raccordés entre eux par des surfaces convenables, nous aurons une sorte de *terrain de pression*, dont les accidents nous représenteront, au moment considéré, les différentes pressions aux points correspondants du réseau gazeux. Si le réseau gazeux fonctionne comme réservoir (ce qui, il ne faut pas l'oublier, entraîne que l'alimentation puisse être, instant par instant, égale à la dépense), ce terrain sera sensiblement le même, à quelque moment qu'on le construise ; — dans le cas contraire, c'est-à-dire s'il y a insuffisance, sa forme se modifiera à chaque instant, suivant la dépense du réseau, le terrain s'abaissant quand la dépense augmente.

La forme générale de ce terrain, quand l'usine est au centre de la consommation, sera évidemment assimilable à celle d'un pic dont l'usine serait le sommet, puisque plus on s'éloigne de l'usine, plus les pertes de pression augmentent.

Si la canalisation fonctionne comme réservoir, ce pic aura des pentes très-douces, très-régulières et restera le même à tout instant de la consommation ; si la canalisation ne fonctionne pas comme réservoir, il peut être abrupt, avec tous les accidents de terrain imaginables et de plus, changer continuellement de forme avec la dépense. Il n'y a pas à insister sur les avantages de la première forme, c'est-à-dire d'une pression constante en chaque point et variant le moins possible d'un point à l'autre ; il ne reste qu'à chercher dans chaque cas les moyens de l'obtenir pratiquement et économiquement ou de s'en rapprocher le plus possible en utilisant les choses déjà établies.

Si l'usine est hors du périmètre, mais qu'elle envoie le gaz par un tuyau d'émission (qui ne

---

(1) En réduisant chaque tuyau à son axe, nous négligeons à dessein les petites variations de pression des divers filets d'une même section droite.

distribue que peu ou pas sur son parcours) dans un récipient de distribution, c'est ce récipient qui est le sommet du pic. Si la distribution, au lieu de partir d'un centre, se fait suivant le parcours d'une grosse artère, ce ne sera plus un pic isolé, mais une chaîne élevée dont le faîte ira en s'abaissant le long de l'artère, etc., etc. (1).

Supposons maintenant (*Pl.* 1, *fig.* 5), deux centres de distribution A et B (usines ou récipients de distribution), à l'intérieur du périmètre desservi, et construisons le *terrain de pression* à un instant donné. A et B y seront les sommets de deux pics ; il est évident qu'à un instant quelconque le périmètre se divisera en deux parties, l'une desservie par A, l'autre par B. Ces deux parties seront séparées par une ligne L.

Soit P un point de la ligne L. De P en A la pression ira évidemment en croissant, ainsi que de P en B. Comme on peut en dire autant pour tous les points de L, on voit que le terrain de pression sera composé de deux pics et que leurs pentes se rejoindront pour former une ligne de thalweg dont les points auront pour projection horizontale les points de la ligne L.

Au point I de L, situé sur la droite AB correspondra sur la ligne de thalweg le point le plus haut de cette dernière ligne ; c'est un col. Remarquons encore que les deux portions du terrain de pression correspondant à l'alimentation venant de A et à celle venant de B se raccordent suivant la ligne de thalweg.

Si toute la canalisation fonctionne comme réservoir, toutes les pentes seront douces, parce que la pression variera peu de valeur aux différents points ; le terrain de pression conservera la même forme, à quelque instant qu'on le construise, puisque, dans le cas du réservoir, la pression ne dépend plus de la dépense. — Si toute la canalisation fonctionne comme canal d'écoulement, la forme du terrain sera plus accidentée, plus raide et variera d'instant en instant avec la dépense.

Si une partie de la canalisation fonctionne comme réservoir, et une autre comme canal d'écoulement, le terrain de pression correspondant à ces parties aura soit les propriétés du premier cas, soit celles du second.

Les points de la ligne L correspondent à des points ayant un minimum de pression dans le réseau. — Les points situés aux extrémités du réseau du côté exclusivement desservi par A et ceux situés aux extrémités du réseau du côté exclusivement desservi par B sont aussi évidemment des points de minimum de pression ; et si l'on veut que tout le réseau soit parfaitement bien alimenté, il faut déterminer les pressions de façon qu'au minimum de ces minima la pression ait une valeur suffisante pour que l'éclairage s'y fasse convenablement.

---

(1) Lorsque ces lignes ont été écrites, nous ne connaissions pas la remarquable étude manométrique du réseau de Reims, si habilement menée à bonne fin par M. Coze, ingénieur, directeur de l'usine à gaz. — Les pressions en chaque point ont été marquées sur le plan de la ville par des épingles à tête de couleurs différentes ; de sorte qu'un coup d'œil suffit pour se faire une idée du régime de la pression dans le réseau. — Il nous a été permis d'étudier ce travail qui confirme de tous points les aperçus qui précèdent, et nous sommes heureux de pouvoir le citer à l'appui de nos idées. Nous prions M. Coze d'accepter nos remercîments pour cette communication intéressante.

Examinons maintenant l'effet des variations volontaires de pression à l'usine.

Si l'on augmente la pression en B, deux effets se produisent :

1° La ligne L s'approche de A et vient par exemple en L' ;

2° La pression de tous les points situés à droite de L' augmente (1), et par suite, s'il y avait de ce côté des points où la pression manquât, on pourrait y avoir remédié.

On voit par analogie ce que produirait une diminution de pression.

Si la pression augmente à la fois en A et en B, L peut varier de position, ou ne pas changer, mais les pressions de tous les points du réseau s'accroissent.

Sans insister davantage sur les divers cas qui peuvent se présenter, remarquons que s'il y a plusieurs centres, le terrain de pression contiendra plusieurs pics séparés par des lignes de thalweg à pression minimum, et qu'une variation de pression à l'un ou à plusieurs des centres n'aura pour effet que de déplacer certaines de ces lignes, sans qu'il y ait à ce déplacement plus de danger qu'à l'ordinaire, de voir l'une des usines s'épuiser plus vite que les autres.

En l'état actuel des choses le déplacement de ces lignes a lieu, et tous les efforts des directeurs d'usine tendent à lui donner le moins d'étendue possible. Pour y parvenir, ils se guident chaque jour sur la consommation de la veille, tandis que nous proposons, pour remplir le même but, un instrument automoteur guidé à chaque instant par la consommation actuelle. Aussi, bien loin d'être un obstacle, la multiplicité des centres d'alimentation serait pour nous une ressource, qui permettrait d'atteindre le but d'une façon plus complète encore. Nos récipients de distribution n'ont pas d'autre objet, lorsque nous les employons dans un réseau alimenté par une seule usine.

En résumé :

1° Le régulateur d'émission place les pics du terrain de pression au point de départ du tuyau de retour, c'est-à-dire où l'on veut, et par suite on peut déterminer à l'avance l'aspect général du terrain de pression.

2° La création de récipients de distribution abaisse les pics, pour établir partout l'état de réservoir.

---

(1) On peut déduire de là un moyen de déterminer pratiquement la région où se trouve L par l'observation simultanée de manomètres placés en divers points du réseau.

RÉGULATEUR DE CONSOMMATION.

Les régulateurs de consommation doivent rendre la pression constante à partir de leur soupape mobile. En effet, comme nous supposons que la communication avec le réseau à desservir se fait par des conduits fonctionnant comme réservoir, la pression étant constante à la sortie du régulateur, le sera en tous les points du réseau. Ces appareils conviennent soit aux usines assises sur leur réseau, soit au réseau partiel d'un abonné.

RÉGULATEURS DE CONSOMMATION POUR ABONNES.

(*Pl.* VI, fig. 1, 2, 3, échelle 1/5.)

Le régulateur de consommation varie de grandeur suivant la dépense maximum à laquelle il doit pourvoir. La *Pl.* VI contient les trois petits modèles applicables aux cas les plus ordinaires, la *Pl.* VIII, *fig.* 3, contient le quatrième modèle applicable aux plus grandes dimensions.

Chaque modèle comprend plusieurs grandeurs :

Le modèle n° 1 (*fig.* 1), pour les régulateurs de 5 et de 10 becs ;

Le modèle n° 2 (*fig.* 2), pour les régulateurs depuis 20 jusqu'à 150 becs ;

Le modèle n° 3 (*fig.* 3), pour les régulateurs de 200 à 600 becs (1).

(Pour le modèle n° 4, au-dessus de 600 becs, *voir Pl.* VIII, *fig.* 3).

---

(1) Nous adoptons pour diamètres des douilles les proportions qui, d'après un arrêté du Préfet de la Seine, sont ordonnées pour les douilles des compteurs. Ces diamètres sont aussi ceux avec lesquels on est certain d'avoir une canalisation fonctionnant comme réservoir.

Nous allons les rappeler ici :]

	Diamètre des douilles.		Nombre maximum de becs qu'ils peuvent régler.
Modèle n° 1	20^{mm}	....	5
	25	....	10
	30	....	20
	37	....	30
Modèle n° 2	43	....	50-60
	50	....	80–100
	55	....	150
	65	....	200
	80	....	300
Modèle n° 3	90	....	400
	100	....	500
	110	....	600

Nous allons décrire le type moyen, n° 2, et nous indiquerons ensuite les légères modifications que subissent les modèles 1 et 3.

Nous désignerons par des lettres majuscules les parties fixes de l'appareil et par des lettres minuscules les parties mobiles.

L'appareil est représenté en coupe axiale; il se compose d'un cylindre en forte tôle divisé en trois parties C, D, J par des cloisons intérieures. — C, chambre inférieure de ce cylindre. — En H est un regard taraudé qui rend accessibles les pièces de l'appareil contenues dans C. — La chambre C est séparée de la chambre D, placée au-dessus, par une cloison E, laquelle est percée en son milieu d'un trou circulaire G.

Le gaz entre en A dans la chambre D. Le tuyau de sortie est en B dans la chambre C.

Au-dessus de D est le compartiment J formant un bassin pour recevoir de l'eau ou de la glycérine.

J est fermé à sa partie supérieure par un couvercle mobile à joint non hermétique.

La base supérieure de D sert en même temps de base inférieure à J.

Au centre de cette base commune s'élève un tube K, ouvert aux deux bouts, en bas dans D, en haut dans J, au-dessus du niveau du liquide.

I sont des boutons de niveau, de vidange et de condensation,

F des jambes de force qui réunissent les deux bases du cylindre D.

Au centre du tube K, et guidée par une bague placée à la partie supérieure de K, passe une tige creuse a, ouverte à ses deux bouts. Cette tige porte à son extrémité inférieure un cône b, dont la base inférieure est de même diamètre que le trou G. Ce trou peut donc être bouché en tout ou en partie suivant les mouvements de la tige a. — C'est la soupape conique.

Le cône et son croisillon d sont vissés à la tige, dont le bout dépasse le croisillon de quelques millimètres. A la partie supérieure de la tige est lié un flotteur se composant :

1° D'un cylindre f fermé en haut, ouvert en bas et concentrique à a ;

2° D'un second cylindre g concentrique à f et portant à sa partie inférieure la boîte à air cylindro-annulaire h.

Le cylindre g est ouvert par le bas, fermé par le haut; il est lié à f, c'est-à-dire à la tige par une cloison que forme le prolongement du fond supérieur de f. Cette cloison est percée de plusieurs trous o qui laissent communiquer les parties du cylindre g, situées au-dessus et au-dessous de cette cloison; c'est dans l'espace du cylindre g compris au-dessus de cette cloison que vient déboucher l'extrémité supérieure du tube a.

Des poids v peuvent être mis sur le fond supérieur de g.

Autour de ce cylindre est un autre cylindre l ouvert par le bas et communiquant par sa partie supérieure avec l'espace J, c'est-à-dire avec l'atmosphère, par un petit orifice n.

Cela posé, le gaz entre par A dans la chambre D et se répand par le tube K dans le cylindre f, de sorte que la pression qu'il exerce de haut en bas sur le cône b est compensée par la pression qu'il exerce de bas en haut sur le fond supérieur du cylindre *f*. La surface de ce fond est prise équivalente à celle de la base du cône.

Le gaz passe autour du cône par le trou G, il se répand dans C, où il devient le gaz de sortie; il monte par la tige *a* dans le double fond qui forme la partie supérieure du cylindre *g*; les pressions qu'il y exerce, étant égales et de sens contraire, s'annulent.

Le gaz passe ensuite par les trous *o* sous la cloison du double fond, et la presse de bas en haut dans la partie comprise entre les cylindres *f* et *g*. C'est de cette pression et de celle que le gaz exerce de bas en haut sur la base du cône que se compose la pression motrice du système mobile. On voit qu'elle équivaut à celle que le gaz exerce de bas en haut sur le fond supérieur du cylindre *g*.

Le poids de l'appareil est équilibré par la boîte à air *h* et les poids *v*, de façon que le système mobile reste à fond et que le gaz passe librement par l'appareil, tant que la pression n'atteint pas celle qu'on veut conserver dans la canalisation. Dès que cette pression est atteinte, la cloche *g* se soulève, entraîne le cône et l'appareil fonctionne.

Le cylindre *l*, dans la partie supérieure duquel l'air ne peut sortir ou rentrer que par l'orifice *n*, est un frein qui détermine la vitesse d'action de l'appareil, sans nuire à sa sensibilité.

Le modèle n° 1 (*fig.* 1) ne diffère du modèle n° 2 que par des dimensions plus petites et parce que les chambres C et D sont fondues en une seule pièce d'un diamètre inférieur à celui du bassin J.

Dans le modèle n° 3 (*fig.* 3), les dimensions sont plus considérables, les chambres C et D et le bassin J sont en fonte au lieu d'être en tôle.

Le regard H est placé sur le côté; et il y en a deux vis-à-vis l'un de l'autre, pour que l'on puisse atteindre le cône dans tous les cas sans déplacer l'appareil. On a de plus ajouté au système mobile les siphons compensateurs *m* pour annuler les changements de poids dus à l'immersion; cette correction est absolument négligeable dans les modèles n°° 1 et 2. A cause de ces siphons, le type n° 3 n'a pas de couvercle à son bassin supérieur.

Si, dans le réseau à régler, il y avait des différences de niveau assez considérables, des distributions à divers étages par exemple, on pourrait diminuer la pression aux étages supérieurs par l'emploi de robinets niveleurs (*voir* page 40). Il peut être plus économique de placer un régulateur à chaque étage, si l'éclairage est très-important. Nous recommanderons encore de remplir le bassin de nos appareils d'eau distillée ou au moins d'eau de pluie. Cette précaution est indispensable pour la durée de l'instrument dans certaines régions où l'eau est assez corrosive pour attaquer le cuivre rouge des flotteurs, et quelquefois même l'étain des soudures.

RÉGULATEURS DE CONSOMMATION POUR LES USINES.

(Pl. VIII, fig. 3, échelle 1/10.)

La *Pl.* VIII, *fig.* 3, représente un modèle de cet appareil. La théorie de son mode de fonctionnement est identique à celle du régulateur de consommation pour abonnés (*voir* page 50). L'entrée A et la sortie B ont été placées au même niveau pour rendre plus facile le raccord avec la conduite maîtresse.

Moins cher et moins volumineux que toutes les imitations du type Clegg, il rend les mêmes services d'une manière plus sensible et plus efficace :

1° Parce que le flotteur n'a ni guide ni galets, et se meut sans frottement ;

2° Parce que, ainsi qu'on l'a vu page 51, l'effet variable de la pression d'entrée est annulé :

3° Parce qu'il y a, par les siphons m, correction des effets variables de l'immersion ;

4° Parce que la précision d'ajustage est telle, que le cône en entier soulevé laisse à peine passer assez de gaz pour alimenter 4 ou 5 becs ;

5° Parce qu'il n'y a pas d'étranglements : l'annulation de la pression d'entrée permet en effet de donner au cône le diamètre du tuyau de départ ;

6° Parce que, pour chaque modèle construit, le diamètre des douilles et celui du cône sont rigoureusement ce qu'ils doivent être, eu égard à la canalisation qu'il faut régler ;

7° Parce que le frein atmosphérique OO corrige l'effet des coups de pression.

Ajoutons encore que cet appareil sera toujours suffisant lorsque toute la canalisation fonctionnera comme réservoir (*voir* page 41) à partir de l'usine. Dans le cas contraire, ce qui précède indique les moyens à prendre et les appareils à employer.

Cette remarque contient l'explication de ce fait connu de tous : le type Clegg règle assez efficacement dans certaines usines, et pas assez dans d'autres. Dans ces dernières, il règle à certains moments et pas du tout dans d'autres. C'est que, dans les moments où le type Clegg suffit, la canalisation fonctionne comme réservoir à partir de l'usine ; lorsqu'il ne suffit pas, cela prouve que la consommation a dépassé la limite à partir de laquelle la canalisation cesse de fonctionner comme réservoir, pour commencer à fonctionner comme canal d'écoulement (*voir* page 41 et suivantes).

Nous renouvelons ici l'observation de remplir le bassin d'eau de pluie. On amorce les siphons des compensateurs en aspirant brusquement par l'orifice laissé à la partie supérieure de ces derniers.

RHÉOMÈTRE.

RÉGULATEUR RHÉOMÉTRIQUE OU RHÉOMÈTRE A GLYCÉRINE.

(Pl. VII, fig. 1, demi-grandeur; — fig. 2 et 3, grandeur d'exécution.)

Nous avons indiqué (page 10) les cas où il est convenable d'employer le rhéomètre, et les avantages que procure son emploi; nous allons maintenant donner sa description.

La *fig.* 2, *Pl.* VII, représente une coupe axiale de l'instrument en grandeur d'exécution.

A, cylindre métallique, dont le fond supérieur est formé d'un couvercle vissé, sur lequel un pas de vis B peut recevoir un bec circulaire ou un porte-bec. Le fond inférieur de A est percé d'une large ouverture circulaire sur les bords de laquelle s'appuie une pièce C légèrement conique, ouverte librement à sa partie supérieure, dans le cylindre A, et communiquant à sa partie inférieure avec la pièce E, par le trou circulaire conique D. La pièce E, vissée à la pièce C et à A, se visse elle-même sur le tuyau qui amène le gaz.

Telles sont les parties fixes de l'appareil.

Une tige a en cuivre rouge est l'axe des parties mobiles; elle porte, soudé à sa partie inférieure, un cône b, qui, suivant les mouvements de la tige a, vient boucher plus ou moins l'orifice D.

La tige a traverse un guide fixé à la partie supérieure de la pièce C, et se visse à une cloche légère d (1).

La tige a se prolonge au-dessous du cône en une partie aplatie g, par laquelle on peut la dévisser sans endommager le cône B. On met un liquide dans l'espace cylindro-annulaire compris entre A et C, et la cloche d vient y plonger. Le liquide choisi est la glycérine parfaitement épurée, qui ne se congèle ni ne s'évapore aux températures atmosphériques. Un trou o est percé à la partie supérieure de la cloche d.

Cela posé, nous allons, pour exposer la théorie de l'appareil, examiner deux cas :

1° Le couvercle du cylindre A est enlevé, et c'est la pression de l'atmosphère qui agit sur la cloche.

2° Le couvercle est posé, et un bec est vissé en B.

---

(1) Cette cloche se fait à volonté en cuivre, en aluminium et peut, suivant les cas, être étamée par les procédés ordinaires, ou recouverte d'étain, de nickel, de platine, etc., par les méthodes galvanoplastiques.

PREMIER CAS.

Le gaz reçu en E entre par le trou D, en passant autour du cône, dans l'espace sous la cloche. Tant que la pression de bas en haut du gaz sous la cloche n'est pas suffisante pour la soulever, elle reste à fond, et le gaz s'écoule dans l'atmosphère par l'orifice o, sous une pression qui, étant égale à la différence entre la pression du gaz sous la cloche et la pression atmosphérique, s'accroît avec la première; la dépense, par le trou o, est donc variable et suit la même progression. Dès que la pression est suffisante pour soulever la cloche, le cône b ferme l'orifice D de façon à maintenir sous la cloche, si la pression d'entrée croît encore, la pression à laquelle la cloche a commencé à se soulever; et, à partir de ce moment, le volume écoulé par o reste constant. Les cloches des rhéomètres sont construites de façon à se soulever sous une pression de 4 à 5 millimètres.

DEUXIÈME CAS.

Soit maintenant le couvercle et le brûleur posés sur A; le gaz arrive par o dans l'espace compris entre la cloche et le couvercle; la cloche ne sera plus pressée directement par l'atmosphère, mais par une atmosphère de gaz.

Soient $\quad\quad\quad\quad\quad\quad$ π la pression atmosphérique,

$\quad\quad\quad\quad\quad\quad\quad$ $\pi + p$ la pression au-dessus de la cloche.

Cette augmentation p de la pression de haut en bas sur la cloche, tendant à abaisser la cloche, fait ouvrir l'orifice D; la pression augmente alors sous la cloche, et l'équilibre n'est atteint que quand cette augmentation égale p. Le trou o, qui débite sous la différence de ces deux pressions, débite donc le même volume que dans le premier cas, puisque cette différence reste constante.

Toutes choses égales d'ailleurs, c'est la grandeur de l'orifice qui détermine la dépense, et nous avons organisé notre fabrication pour avoir des rhéomètres satisfaisant à toutes les dépenses possibles des becs usités.

Examinons maintenant plus en détail ce qui se passe pour une dépense donnée.

Prenons, pour fixer les idées, un rhéomètre de 140 litres (1), dépense réglementaire à Paris, et plaçons sur le couvercle un bec qui exige 4 millimètres de pression pour brûler 140 litres. Au moment où nous ouvrons le robinet qui amène le gaz sous la cloche, c'est encore la pression atmosphérique qui règne au-dessus de la cloche, tout va donc *commencer* à se passer comme si le couvercle n'existait pas; mais aussitôt, le gaz se répandant par le trou o, au-dessus de la cloche, fait accroître la pression dans cet espace, et, d'après ce qui précède,

---

(1) Rhéomètre qui permet une dépense fixe de 140 litres à l'heure.

elle a, quand l'équilibre est atteint, augmenté juste d'autant sous la cloche. Le bec, puisque la pression croît d'abord, se met à débiter de plus en plus jusqu'à ce qu'il dépense tout ce que lui envoie le trou o, c'est-à-dire 140 litres; alors la pression est évidemment 4 millimètres au-dessus de la cloche, et $4 + 6$ ou 10 millimètres au-dessous (6 millimètres étant la pression due au poids de la cloche).

Tout cela suppose évidemment que, dans la canalisation, la pression soit au moins égale à $0^m,010$.

On voit par analogie qu'un bec quelconque, placé sur un rhéomètre, brûle à l'heure le volume de gaz déterminé par la grandeur de l'orifice o, pourvu que la pression soit suffisante dans la canalisation. Si elle est insuffisante, la cloche ne se soulève pas et le gaz passe librement par le trou o, comme si le rhéomètre n'existait pas, en faisant la dépense que le bec peut faire à cette pression.

Pour savoir si un bec donné, posé sur un rhéomètre, peut faire la dépense pour laquelle le rhéomètre est timbré, on cherche (*voir* 1re partie du *Traité*, pages 34 et suivantes) à quelle pression le bec fait cette dépense; on y ajoute $0^m,006$, et il faut que la pression dans la canalisation égale au moins le total.

Il n'y a point d'usine où la pression soit assez basse pour que les rhéomètres ne puissent fonctionner; car il est reconnu que la pression au bec, quand les brûleurs sont bons, c'est-à-dire à large fente, ne doit pas dépasser 3, 4, 5, ou 6 millim.; il faudrait donc, pour paralyser le jeu du rhéomètre, qu'il n'y eût pas 9, 10, 11 ou 12 millim. de pression dans la canalisation, ce qui n'arrive jamais.

En examinant de plus près les forces qui agissent sur le système mobile, on voit que nous n'avons pas tenu compte de la pression variable du gaz d'entrée sur la base du cône obturateur b. C'est qu'en effet, dans la pratique, les perturbations que ces variations apportent dans la constance du volume débité sont négligeables; la raison s'en trouve dans la petitesse du rapport de la surface de la base du cône à la section de la cloche (1). Il nous suffira de dire que, quand la pression du réseau augmente de $0^m,010$, la dépense par heure diminue d'un litre environ pour la consommation d'un bec ordinaire. On voit par là qu'en établissant le jaugeage d'un rhéomètre sous la moyenne de pression de marche d'un réseau, on n'a plus à redouter que des écarts sans importance réelle.

Ce petit appareil, tel qu'il est construit, est d'une précision qui dépasse de beaucoup celle des compteurs secs, humides, dits de laboratoire, d'expérience ou autres, et ce sont presque exclusivement les expériences faites à son sujet qui nous ont fait renoncer aux indications incertaines des compteurs; nous en avons dit quelques mots (page 20) à propos du gazomètre jaugeur.

---

(1) Ce rapport est environ $\frac{1}{100}$.

Chaque rhéomètre porte sur le couvercle, outre notre marque, le chiffre de la dépense qu'il fait à l'heure avec le gaz réglementaire de Paris.

A cause des différences de densité des divers gaz d'éclairage, un rhéomètre timbré 150 litres pourra, dans une autre ville que Paris, en dépenser 135 ou 165, par exemple. Dans le cas d'une différence aussi considérable, il faut absolument en tenir compte; mais même quand elle est moindre ou qu'on veut une grande exactitude, nous n'avons que quelques renseignements fort simples à demander, pour qu'il nous soit facile de timbrer les cloches à Paris, pour la dépense réelle faite ailleurs.

ÉTUDE DES CAUSES DE VARIATION DU RHÉOMÈTRE.

Même à Paris, la dépense qui se fait par le rhéomètre n'est pas toujours exactement celle qui est marquée sur le couvercle ; cela tient aux mêmes causes qui font varier cette dépense d'une usine à l'autre, et ces causes sont les suivantes :

1° Chaque gaz a un coefficient particulier d'écoulement ; et comme le gaz d'éclairage n'est, en définitive, qu'un mélange de divers gaz, la composition chimique, qui, soit en une même usine, soit en des usines différentes, est loin d'être constante, a une influence incontestable. Les causes de variation de composition chimique sont surtout dues à la composition des houilles employées, au plus ou moins grand degré d'épuration, aux matières qui servent à l'épuration, au temps de séjour du gaz dans le gazomètre (puisque les différents gaz qui forment le gaz d'éclairage ont des solubilités différentes), à la température à laquelle se fait la distillation, etc. — Tout cela est évident, et échappe à l'analyse.

2° Les variations de température influent sur la densité du gaz.

3° Il en est de même des variations de pression atmosphérique.

Nous allons étudier dans quelles limites extrêmes peuvent agir à Paris ces deux dernières causes de perturbation.

Hypothèse de la température variable.

La pression étant supposée invariable, cherchons le rapport des densités d'un gaz à — 15° et à + 30°, températures qui se rapprochent des minima et des maxima observés à Paris.

Si d_{-15}, d_{+30} désignent les densités sous une même pression P d'un gaz à — 15° et à + 30°, si v_0, v_{-15}, v_{+30} désignent les volumes d'une même masse de gaz à la pression P et

8

aux températures $0°$, $— 15°$, $+ 30°$, on aura, α étant le coefficient de dilatation des gaz,

$$\frac{d_{+30}}{d_{-15}} = \frac{v_{-15}}{v_{+30}} = \frac{v_0(1 - 15.\alpha)}{v_0(1 + 30.\alpha)} = \frac{\dfrac{1}{\alpha} - 15}{\dfrac{1}{\alpha} + 30} \; ;$$

mais $\dfrac{1}{\alpha} = 273$, donc

$$\frac{d_{+30}}{d_{-15}} = \frac{273 - 15}{273 + 30} = \frac{258}{303} = 0,85\ldots = \frac{17}{20} \, ,$$

c'est-à-dire que, la pression restant la même, la densité du gaz à 30° est à sa densité à — 15° comme 17 est à 20 ou comme 1 est à 1,17.

Notons en passant que le gaz d'éclairage n'a pas, toutes choses égales d'ailleurs, la même composition chimique aux diverses températures, par suite de l'effet des condensations et des différentes solubilités des éléments qu'il renferme.

Hypothèse de la pression atmosphérique variable.

La pression atmosphérique varie ordinairement chaque année à Paris entre 735 millimètres et 775 millimètres de mercure, c'est-à-dire entre 9996 millimètres et 10540 millimètres d'eau. La pression différentielle du gaz dans le réseau de Paris varie, suivant les moments du jour et les points du réseau, de 30 millimètres à 90 millimètres, de sorte que la pression réelle, absolue, minimum du gaz, est de 10026 millimètres, et la pression maximum 10630 millimètres ; en appelant d la densité correspondant au minimum de pression, et D la densité correspondant au maximum de pression, on aura, d'après la loi de Mariotte,

$$\frac{d}{D} = \frac{10026}{10630} = \frac{1}{1,06} \, ,$$

c'est-à-dire que, la température restant la même, la densité minimum du gaz est à sa densité maximum, sous l'influence des variations de pression atmosphérique, comme 1 est à 1,06, rapport qu'on peut aussi exprimer très-approximativement par $\dfrac{17}{18}$.

Il est à remarquer que deux indications identiques, données à des moments différents par un petit manomètre branché sur un tuyau, ne prouvent en rien un état identique du gaz sous le rapport de la pression ; car, à la colonne d'eau observée, il faut ajouter la colonne d'eau représentant le poids de l'atmosphère, poids qui varie à Paris dans les limites sus-indiquées. Ainsi la densité du gaz, étant 1 à 30°, est 1,17 à — 15°, la pression n'ayant pas varié, et la densité, étant 1 à la pression 10026 millimètres, est 1,06 à la pression 10630, la température n'ayant pas varié.

Ce que nous venons d'établir permet de calculer, par la proportion

$$\frac{1,17}{x} = \frac{1}{1,06},$$

qu'en appelant 1 la densité d'un gaz à 30° sous la pression 10026 millimètres, elle sera 1,24 à — 15°, sous la pression 10630 millimètres. Ces variations considérables représentent, il est vrai, les variations extrêmes ; mais les réduirait-on de moitié, ou même des $\frac{2}{3}$, elles seraient loin de devenir négligeables.

Il ne faut pas oublier comme élément variable du gaz d'éclairage la quantité de vapeur d'eau qu'il contient, seulement on manque encore de bases précises pour en étudier l'influence.

Les volumes dépensés peuvent donc dans des cas particuliers, où toutes les causes de perturbation agissent dans le même sens, être très-sensiblement différents de ce qu'ils seraient avec le gaz type, dans les conditions normales. Mais l'effet sur l'éclairage n'est pas tant à redouter qu'il semble, parce que si la densité augmente ou diminue, le volume dépensé diminue ou augmente, ce qui rend impossibles des variations trop considérables d'intensité lumineuse. En effet, toutes choses égales d'ailleurs, si la densité augmente ou diminue, le pouvoir éclairant augmente ou diminue, mais il se dépense moins ou plus de gaz en volume. Cette situation répond parfaitement aux besoins d'un éclairage.

Une chose très-importante à remarquer, c'est que le gaz au-dessous et au-dessus de la cloche se trouve dans deux situations très-différentes. En prenant le gaz au-dessus de la cloche, on dépensera un volume constant, sous une pression variable avec la forme de l'orifice final d'écoulement du gaz. En prenant le gaz au-dessous de la cloche, le volume dépensé variera à volonté, mais la pression restera constante. Cette remarque s'applique sans en changer un mot aux appareils suivants : rhéomètre humide à dépense arbitraire, et régulateur type ou photo-rhéomètre.

On peut utiliser cette remarque dans certains cas pour faire du régulateur rhéométrique tel que nous venons de le décrire un régulateur de consommation. Si nous prenons du gaz sous la cloche, il se dépense sous une pression constante, tant que l'on ne change pas le bec par lequel brûle le gaz qui a passé par le trou jaugeur de la cloche. Si l'on modifie ce bec ou si l'on ouvre ou ferme plus ou moins un robinet placé avant lui, on diminue ou on augmente plus ou moins la pression au-dessus de la cloche, et par suite au-dessous, puisque la différence de ces pressions est constante. Le gaz pris sous la cloche pourra donc être réglé à volonté à une pression constante quelconque ; c'est un principe que nous appliquons dans notre *valve souterraine* et ailleurs.

Nous venons de décrire le rhéomètre sous la forme la plus propre à faire comprendre son mode de fonctionnement. Bien que cette forme soit nécessaire dans quelques cas, on peut, lorsqu'il s'agit d'éclairage public, par exemple, adopter la disposition suivante, qui pour ce cas spécial offre certains avantages.

Nous plaçons le cône obturateur b (1) sur la cloche, il vient alors boucher plus ou moins l'orifice placé sur le couvercle.

La *figure 2, pl.* IX, représente suffisamment cette modification pour que, après ce que nous venons de dire sur le modèle à cône inférieur, il soit inutile d'entrer dans plus de détails. Remarquons seulement que le modèle à cône supérieur est d'un démontage plus facile, puisque le couvercle étant ôté la cloche sort du cylindre sans qu'on ait de pièce à dévisser.

Quelle que soit la position du cône, la théorie est évidemment la même dans les deux cas, comme on peut s'en convaincre par ce qui suit.

Soient p la pression dans la canalisation, pression rapportée à l'unité de surface,

p' la pression sur la cloche,

S la section de la cloche,

π le poids de cette cloche.

Quand l'appareil est en équilibre on a

$$pS - p'S = \pi,$$

d'où

$$p - p' = \frac{\pi}{S}.$$

La différence $p - p'$ est donc constante, et c'est sous la pression $p - p'$ que l'orifice de la cloche débite. Le cône prend alors dans l'orifice du couvercle la position convenable pour que le volume jaugé par le trou o sous la pression $p - p'$ passe autour du cône sous la pression $p' - p''$, p'' étant la pression sous laquelle le bec qu'on a placé sur le couvercle fait la même dépense que le trou o sous la pression $p - p'$.

RHÉOMÈTRE AUTO-EXTINCTEUR

Reprenons l'équation d'équilibre qui vient d'être posée

$$p - p' = \frac{\pi}{S}.$$

Dans cette équation, pour que p' soit plus grand que zéro, il faut évidemment que l'on ait

$$p > \frac{\pi}{S}.$$

Or l'usine est toujours maîtresse de faire varier p ; c'est même là ce qui a lieu dans tous les

---

(1) La forme de l'obturateur b n'est pas nécessairement un cône, ce peut être une sphère, un ovoïde, un obturateur plan, etc. La cloche elle-même pourrait servir à boucher le passage du gaz, ainsi que le fera comprendre la disposition à cône supérieur que nous allons décrire.

réseaux où le gaz reste constamment en charge, et où l'on donne deux pressions de marche différentes, l'une plus faible pendant le jour, l'autre plus élevée pendant la nuit. — Il est donc facile de donner à $\frac{\pi}{S}$ une valeur pratique telle, que la capsule se soulève seulement sous la pression de marche la plus forte, et qu'elle reste abaissée sous la plus faible. Dans ce dernier cas le gaz passe librement par l'orifice de la capsule, mais le volume débité décroît progressivement avec la pression.

On peut se demander si, au lieu de cette décroissance progressive, il ne serait pas possible d'avoir une sorte de mise en veilleuse du brûleur, au moyen d'une soupape imparfaitement étanche ajoutée à la capsule elle-même (1). Alors le changement de la *pression de marche* produirait d'un seul coup et automatiquement l'allumage et l'extinction de toutes les lanternes, sans empêcher pour cela le service des consommations de jour.

L'addition de la soupape dont il s'agit ne change absolument rien à la construction de notre rhéomètre ; il suffit de placer un grain de plomb, ou une sphère en tout autre métal, dans la chambre intérieure du raccord au bec pratiqué sur le couvercle du rhéomètre (*pl.* IX, *fig.* 2). Le plafond inférieur de cette chambre est disposé en plan incliné, de sorte que la sphère retombe sur l'orifice central dès que la capsule ne fonctionne plus, et la mise en veilleuse a lieu. Pour que la sphère se déplace ensuite en même temps que la capsule, il suffit de donner à ces deux organes le même poids rapporté à l'unité de surface ; alors la même pression les soulèvera tous les deux, et la pointe du cône forçant la sphère à rester sur le plan incliné, le brûleur donnera son plein éclairage.

On peut encore disposer dans un bassin à glycérine distinct une petite cloche percée à son centre d'un orifice dans lequel s'engage par son sommet un cône fixé sur le tube d'arrivée du gaz. Lorsque la cloche s'abaisse, elle repose sur le cône, et le brûleur, que porte un rhéomètre ordinaire vissé au-dessus de l'auto-extincteur, se met en veilleuse. Dès que la pression de marche est suffisante pour soulever la cloche soupape, le rhéomètre entre en fonction.

Dans ce cas, la cloche soupape est indépendante de la capsule rhéométrique.

On peut conserver cette indépendance tout en plaçant les deux organes dans un même bassin ; alors les deux cloches sont concentriques. — On peut aussi rendre les deux cloches solidaires l'une de l'autre.

Les auto-extincteurs que nous construisons de ces diverses façons remplissent tous le même but final ; mais leur manière d'agir au point de vue de la pression n'est pas absolument la même. — Ces légères différences, loin d'être un inconvénient, permettent au contraire d'obtenir un résultat uniforme malgré les écarts de pression inévitables dans tout réseau, tels que ceux résultant par exemple du plus ou moins d'altitude d'un quartier par rapport à un autre.

---

(1) L'idée première de cet arrangement de notre régulateur rhéométrique nous a été suggérée par M. Jourdan, ingénieur constructeur d'usines à gaz, à Paris. Aussi croyons-nous devoir le désigner sous le nom d'*auto-extincteur Giroud-Jourdan.*

On a souvent songé à obtenir par le secours de l'électricité l'allumage instantané des lanternes publiques ; mais l'ouverture et la fermeture des robinets de service ont toujours été un obstacle.

On voit que notre rhéomètre peut résoudre cette question intéressante à divers titres, et l'on nous permettra de faire remarquer que c'est là un signe caractéristique de la nouveauté de ce genre d'appareil. Avec des régulateurs de pression purs et simples du genre de ceux de Sugg, Hulett, etc., le résultat serait impossible, parce que la membrane du régulateur ne peut pas être renfermée dans le milieu gazeux, et que c'est nécessairement dans ce milieu que la soupape doit agir.

RHÉOMÈTRE HUMIDE A DÉPENSE ARBITRAIRE

(Pl. VII, fig. 3, grandeur d'exécution.)

On a souvent besoin de maintenir constante pendant un certain temps la dépense d'un bec de gaz, puis de la régler à un autre chiffre, de varier encore et ainsi de suite. On pourrait évidemment changer de rhéomètre à chaque variation, mais on peut se dispenser de faire ce changement, en rendant, pour ainsi dire, variable à volonté l'orifice de la cloche.

Pour cela, le fond de la pièce C du rhéomètre qui vient d'être décrit est un peu modifié (voir *pl.* VII, *fig.* 3) ; une ouverture H débouche sous la cloche et communique par le conduit H avec l'espace au-dessus de la cloche ; une vis K peut venir boucher ce conduit en tout ou en partie ; si la vis le bouche totalement, l'appareil fonctionne exactement comme le précédent, et ne donne que la dépense correspondant à la largeur du trou *o* ; quand, au moyen de la vis K, on ouvre plus ou moins le conduit H, plus ou moins de gaz de dessous la cloche passe au-dessus par ces conduits, et l'on a le même effet que si l'orifice *o* était plus ou moins agrandi, c'est-à-dire qu'on fait varier à volonté la dépense de l'appareil.

Cette disposition peut évidemment être utilisée, quelle que soit la position du cône.

Nous avons dit qu'il nous était facile de timbrer, à Paris, les cloches pour une dépense réelle faite ailleurs avec un gaz un peu différent du gaz réglementaire de Paris. Nous utilisons pour cela notre rhéomètre à dépense arbitraire ; nous envoyons deux de ces instruments ; on les règle sur place tous deux à la dépense désirée, on scelle à la cire la vis K dans chaque appareil, puis on nous renvoie l'un d'eux. Nous établissons alors des rhéomètres à dépense fixe, faisant la même dépense à Paris que le type qu'on nous a envoyé, et ces rhéomètres résolvent le problème. Remarquons que c'est là un moyen facile (et le seul, croyons-nous) de comparer des gaz fabriqués dans des lieux éloignés les uns des autres.

Si (ce qui peut à la rigueur arriver) des changements survenus dans la composition du gaz pendant l'intervalle de la demande et de l'envoi font que l'effet désiré paraisse n'être pas encore obtenu, le rhéomètre scellé, gardé sur place, et sur lequel ces changements agissent également, permet de reconnaître que nous avons cependant exécuté ce qui était demandé et montre qu'il y a eu un changement dans le gaz.

Nous signalons ces difficultés apparentes, pour ne rien laisser de côté, mais elles ne se rencontrent pas généralement. A très-peu d'exceptions près, les différences de dépenses dues aux différences de composition des divers gaz sont de l'ordre de la tolérance admise dans la pratique industrielle.

RÉGULATEUR PHOTOMÉTRIQUE TYPE OU PHOTO-RHÉOMÈTRE

(Pl. VII, fig. 1, échelle de demi-grandeur.)

A la suite des recherches de MM. Dumas et Regnault, on a adopté à Paris, pour gaz réglementaire, un gaz tel que 105 litres brûlés dans un bec Bengel déterminé donnent la même intensité lumineuse qu'une lampe Carcel brûlant 42 gr. d'huile épurée à l'heure, et dans des conditions définies.

D'autre part, on a reconnu comme loi pratique que, quand il s'agit du gaz de houille, le pouvoir éclairant d'un gaz est d'autant plus grand qu'à volumes égaux dépensés, la flamme d'un bec bougie est plus haute, ou qu'à hauteur égale le volume dépensé est plus petit. On peut donc chercher une relation entre la hauteur d'une flamme et le volume dépensé qui équivaille avec une approximation suffisante aux conditions fixées par MM. Dumas et Regnault; conditions très-précises, sans doute, mais dont la vérification directe entre difficilement dans la pratique, parce qu'elle exige des appareils coûteux et l'habitude d'expériences délicates. Nous avons trouvé, pour cette relation, que 38 litres de gaz réglementaire brûlés en une heure par un bec bougie, dont le trou a $0^m,001$ de diamètre intérieur, et produisant une flamme de $0^m,105$ de hauteur, donnent un pouvoir éclairant égal au septième et demi de la lampe Carcel de 42 grammes, c'est-à-dire égal à une bougie (*voir* la 1re partie du *Traité de la pression*, pages 17 et suivantes). C'est sur ce fait qu'est fondé l'appareil dont voici la description.

Le photo-rhéomètre est, aux proportions près, en partie analogue au rhéomètre humide à dépense arbitraire. Nous mettons dans la figure qui le représente (*fig.* I, *pl.* VII, échelle de 1/2 grandeur) les mêmes lettres que nous avons déjà employées pour les organes similaires du rhéomètre (*fig.* 2).

Nous avons négligé dans ce dernier les variations de la pression d'entrée sur la base du cône comme insignifiantes; mais dans le photo-rhéomètre, qui est un appareil de précision, nous supprimons l'effet de ces variations par la disposition suivante.

La tige a est creuse, ainsi que le cône qui se prolonge vers le bas par le tube creux a' ; la section intérieure de a' égale la surface de la base inférieure du trou D.

a débouche au-dessus de la cloche d ; a' débouche à l'intérieur d'un bain de glycérine placé dans la base E de l'appareil. Cette base est réunie aux parties supérieures du régulateur par la colonne M qui se visse en bas à E, en haut à la pièce C.

Le gaz arrive en E au-dessus du niveau de la glycérine par le tube à robinet L.

D'après ce que nous avons expliqué pour le rhéomètre, la pression au-dessus de la cloche reste constante. On observe sa valeur au moyen du manomètre différentiel N (1). C'est cette pression constante qui, se transmettant par le tube a, agit de bas en haut sous la partie conique à l'intérieur du tube aa', et tend ainsi à rendre le système mobile un peu plus léger ; mais cette pression étant constante, il n'y a pas de ce fait de variation de pression sur le système mobile. La pression d'entrée, si elle varie, n'a pas d'effet non plus, car elle agit autour du tube a' sans donner de résistance verticale, excepté celle de bas en haut qui se communique par la glycérine sur l'épaisseur de la paroi du tube a'. Or cette action est compensée par celle qui s'exerce de haut en bas sur la partie correspondante du cône. Cette partie du cône correspondant à l'épaisseur de la tige a' est celle qui se trouve au-dessous de D quand cet orifice est complétement bouché par le cône, et elle existe parfaitement égale à l'épaisseur du tube a', puisque c'est le diamètre intérieur de a' qui égale celui de la base inférieure du trou tronc-conique D.

Il y a bien sur le cône une région, aux environs du trou D, où il n'est guère possible d'apprécier bien exactement la pression ; parce que celle-ci varie d'une façon continue dans cet espace, de la valeur qu'elle a dans le réseau à celle qu'elle prend sous la cloche ; mais cette perturbation très-petite est d'un effet inappréciable.

La glycérine monte plus ou moins dans le tube a', suivant les variations de la pression d'entrée ; malgré cela, à cause des dimensions relatives du tube a' et du bassin E, on est en droit de regarder comme constant le niveau de la glycérine dans E, ce qui permet de négliger la variation de poussée causée par cette insensible dénivellation sur l'épaisseur du tube a', épaisseur du reste très-faible.

La vis K du rhéomètre à dépense arbitraire est remplacée par le robinet à clef creuse R. Dans la position qu'il occupe sur la figure, il intercepte la communication entre le tube H intérieur qui va sous la cloche et le tube H extérieur qui débouche au-dessus de la cloche par l'orifice I. L'appareil ne dépense plus alors que par le trou o. Si l'on tourne le robinet d'environ 180 degrés, la communication s'établit par le trou T du robinet, entre les deux tubes H, et l'on peut régler la grandeur de la communication, c'est-à-dire en somme, comme pour le rhéomètre à dépense arbitraire, on peut faire varier la grandeur du trou o.

---

(1) Si dans certaines expériences la pression sur la cloche devenait trop considérable, il faudrait enlever ce manomètre et mettre un bouchon au point où il venait se visser sur le tube Q, ou encore se servir d'un manomètre de plus grande dimension.

Le trou *o* de la cloche *d* a une grandeur telle, qu'il laissse passer 38 litres à l'heure du gaz réglementaire *de Paris*, sous la différence des pressions inférieure et supérieure à la cloche.

Le bec bougie placé sur le couvercle donne alors l'intensité d'une bougie et une flamme de $0^m,105$ de hauteur, qu'on mesure facilement au moyen d'une petite mire maintenue près du bec. Les directeurs d'usine trouvent dans cet appareil des indications précieuses, que nous allons énumérer.

Modes d'utilisation du photo-rhéomètre.

1.

On peut l'employer comme unité de comparaison dans les essais photométriques.

2.

On peut s'en servir comme d'une éprouvette signalant, à mesure qu'ils se produisent, les changements de pouvoir éclairant. Ces changements en effet se traduisent aux yeux par une variation de la hauteur de la flamme.

A. — Si la fine pointe de la flamme *n'atteint pas la mire*, placée d'avance à $0^m,105$ au-dessus du bec, on ouvre un peu le robinet R, afin d'avoir la hauteur voulue, et l'on mesure exactement le volume dépensé. Ce volume doit être de 38 litres si le gaz est réglementaire ; on peut donc conclure que le gaz essayé est moins bon que le gaz de Paris, si la dépense réelle est de plus de 38 litres, et qu'il est meilleur dans le cas contraire.

B. — Si la flamme *arrive juste à la mire*, c'est que l'intensité réglementaire est obtenue, et en mesurant la dépense on s'assure si le volume est aussi réglementaire.

C. — Si la flamme est *plus haute que la mire*, on a évidemment un pouvoir éclairant trop fort. Cependant, comme les variations d'intensité sont indépendantes de celles de la densité, il faut encore, dans ce cas, mesurer la dépense pour reconnaître si l'on a conservé le volume réglementaire.

En résumé les altérations dans la hauteur de la flamme de $0^m,105$ correspondent à des variations d'*intensité ;* — et les altérations dans la dépense de 38 litres correspondent à des variations de *densité.*

Si l'on n'accepte pas comme suffisamment démontrée la relation que nous avons admise entre la hauteur de la flamme et le pouvoir éclairant, il faut au moins reconnaître que notre photo-rhéomètre permet d'obtenir facilement des indications peut-être déjà suffisantes pour les véritables besoins de la pratique. Du reste, si on le préfère, on peut, avec notre photo-rhéomètre convenablement installé, ramener d'abord la dépense à 38 litres, et mesurer ensuite la hauteur de flamme ; on arriverait par là aux mêmes conclusions. Nous proposons l'autre méthode, parce qu'elle nous paraît plus rapide et plus commode.

3.

Le photo-rhéomètre permet de vérifier l'exactitude du jaugeage de nos rhéomètres. En effet, par plusieurs causes déjà examinées, le gaz n'étant jamais identique ni à lui-même, ni au gaz réglementaire, il arrive souvent qu'en employant le compteur pour vérifier le rhéomètre, on ne trouve pas, même en supposant le compteur juste, une dépense exactement égale à celle qu'indique le chiffre gravé sur le couvercle. Voici comment il faut faire la vérification.

Mesurons la dépense du photo-rhéomètre avec le gaz considéré ; nous trouvons n litres à l'heure.

Soient n' la dépense que fait le rhéomètre,

n'' » marquée sur le couvercle.

Le photo-rhéomètre dépense n lit. et il devrait dépenser 38 lit.

Le rhéomètre » n' lit. » » n'' lit.

On doit donc avoir

$$\frac{n}{38} = \frac{n'}{n''}.$$

D'après ces relations, nous avons dressé une table de correction, qui nous permet de timbrer nos rhéomètres au gaz réglementaire, en opérant avec le gaz que nous prenons aux conduits de la ville.

4.

L'observation de la hauteur de la flamme renseigne aussi les usines sur divers détails de fabrication. Ainsi, dès que les fours sont mal conduits, dès que l'épuration est insuffisante, dès que la houille est d'une qualité moindre, etc., on voit se produire sur la hauteur de la flamme une altération qui mérite d'attirer l'attention, puisqu'elle peut exercer sur le pouvoir éclairant une influence fâcheuse.

5.

Le photo-rhéomètre sert aussi à comparer entre eux des brûleurs différents et à reconnaître ceux qui utilisent le mieux un volume donné de gaz, soit 150 litres. Pour cela, on enlève le porte-bec P et on tourne le robinet R jusqu'à ce que l'appareil dépense par heure 150 litres. On visse alors les divers brûleurs sur le couvercle sans toucher au robinet, et on choisit parmi eux celui qui donne la flamme la mieux appropriée à l'usage qu'on en veut faire. Le petit manomètre différentiel N indique à chaque expérience la pression au bec essayé.

Les comparaisons photométriques sont aussi simplifiées par cet instrument, en effet si l'on installe à un ou deux mètres une lumière quelconque, la comparaison entre tous les becs essayés et cette lumière se fait très-facilement par la comparaison des ombres.

Le photo-rhéomètre sert enfin à ramener à un type fixe les indications des compteurs.

Quand on dit qu'on a dépensé 150 litres de gaz, cela signifie seulement que les aiguilles du compteur ont avancé d'une certaine quantité; mais, même en supposant le compteur parfaitement juste, cela n'apprend rien ; en effet, on a dépensé 150 litres d'un gaz dont les variations de densité sont comme 100 est à 124 (*voir* page 57) en ne comptant que les variations dues à celles de la température et de la pression. Voici comment on pourrait opérer pour rendre les indications comparables, du moins très-suffisamment pour la pratique industrielle.

Supposons que, dans une expérience, le compteur ait indiqué une dépense de n litres à l'heure. Au moment de commencer l'expérience, on a ramené la flamme du photo-rhéomètre à 105 millimètres de hauteur, et on a constaté qu'à cette hauteur correspond une dépense de n' litres par heure. Si le gaz était réglementaire, on aurait dû trouver une dépense de 38 litres; on a donc, en désignant par N le nombre de litres du gaz réglementaire qui remplacerait le nombre n de litres du gaz considéré,

$$\frac{n}{N} = \frac{n'}{38}, \quad \text{d'où} \quad N = \frac{38}{n'} n.$$

On observe encore le photo-rhéomètre après l'expérience, et, si l'on ne trouve plus n' pour la dépense par heure de cet instrument, lorsque la flamme a 105 millimètres de hauteur, c'est que la nature du gaz a changé pendant l'expérience. La différence des deux indications permettra même jusqu'à un certain point d'apprécier cette variation et de voir par la différence des valeurs de N, calculées au moyen des deux observations du photo-rhéomètre, si l'on doit tenir compte de ce changement dans la nature du gaz. — Ces considérations constituent une nouvelle méthode de mesure, d'après laquelle on voit que, quand l'emploi d'un compteur est indispensable, il faut, pour avoir des observations comparables, se servir en même temps d'un photo-rhéomètre.

Nous construisons, sur ces données, un véritable *appareil de vérification du gaz*.

RHÉOMÈTRE SEC A DÉPENSE ARBITRAIRE.

Tous les régulateurs secs que nous connaissons et qu'on a construits avant celui que nous allons décrire, pour être appliqués à un seul bec, dérivent du type de Clegg, modifié par Sugg, Hulett, etc. Tous ont, parmi leurs organes, des membranes souples, cuir, baudruche, caoutchouc, etc., en remplacement de la cloche du régulateur ordinaire. Dans la voie nouvelle ouverte par le rhéomètre à glycérine, il était facile de construire un rhéomètre sec en entier métallique.

La *fig.* 1, *Pl.* IX, qui le représente en vraie grandeur, montre l'extrême petitesse de ses dimensions.

A, boîte cylindrique taillée dans la pièce E, qui porte un pas de vis sur lequel se place le couvercle B, muni d'un raccord ou bec C.

d, disque léger d'un diamètre très-peu inférieur à celui du cylindre A ; il repose sur la traverse I, faisant partie de la pièce E. Au centre de *d* est un cône *k* qui peut venir boucher en tout ou en partie un orifice F placé au centre du couvercle.

Une petite masse placée sous le disque sert à déterminer convenablement la position du système mobile.

M, conduit faisant communiquer l'espace de la pièce E, située au-dessous de *d*, avec l'espace A situé au-dessus. Ce conduit peut être bouché en tout ou en partie par la vis G, qu'on manœuvre de l'extérieur, après avoir enlevé, en la dévissant, la pièce T.

Supposons d'abord la vis G obstruant complétement le conduit M.

Le gaz, arrivant par la partie inférieure de la pièce E, soulève la plaque *d*, vient au-dessus de cette plaque par l'espace libre compris entre elle et le cylindre A, puis enfin passe autour du cône par le trou F, et vient au bec par la pièce C.

Supposons deux cas, pour rendre l'explication plus claire :

1° Il n'y a pas de bec vissé sur C ;

2° Il y en a un.

PREMIER CAS.

Soient *p* la pression dans la canalisation, pression rapportée à l'unité de surface ;

p' la pression au-dessus du disque *d*, pression rapportée à l'unité de surface ;

π le poids du système mobile ;

s la surface du disque.

Le système mobile étant en équilibre sous l'action des forces verticales *ps*, *p's* et π, on a

$$ps = p's + \pi,$$

d'où

[1]
$$p - p' = \frac{\pi}{s}.$$

L'espace libre entre la circonférence du disque et le cylindre A est constant ; — quelle que soit la position à laquelle s'arrête le disque, le gaz s'écoule par cet espace sous la pression $p - p'$, pression qui est constante d'après l'équation [1]. — Le volume V écoulé par heure est donc constant, et le disque prend une position telle, que le cône vient boucher le trou F du couvercle, de façon que, par l'orifice annulaire qui l'entoure, il laisse s'écouler par heure le volume V, sous la pression *p'*.

DEUXIÈME CAS.

Entre le disque et le cylindre passe toujours le volume V, puisque la même équation que dans le premier cas subsiste entre *p*, *p'*, π et *s* ; — soit *p''* la pression différentielle sous laquelle le gaz peut brûler le volume V dans l'unité de temps, *p''* sera la pression au-dessus du cône, et la plaque prendra une position telle, que le volume V s'écoule autour de lui sous la pression $p' - p''$.

On voit que la théorie de cet appareil est identique à celle du rhéomètre à glycérine. Si l'on ouvre plus ou moins le trou M, en tournant plus ou moins la vis G, c'est comme si l'on augmentait le jeu laissé entre A et d, puisqu'on offre au gaz qui se trouve sous le disque un plus grand passage; cela permet d'augmenter à volonté le volume V que jauge l'appareil.

La vis G étant fermée, on a la dépense minimum que l'appareil peut donner, lorsqu'il fonctionne. La dépense maximum correspondrait au cas où la vis G serait complétement ouverte; mais on ne peut pas toujours aller jusque-là, si la somme de l'espace autour du disque et de l'ouverture commandée par la vis G dépassait une certaine limite pour une pression donnée dans la canalisation.

En effet, soit V_1 le volume de gaz qui passe dans l'unité de temps par ces orifices sous la pression $p - p'$. Le maximum de pression qui peut exister au-dessus du disque est $p - \dfrac{\pi}{s}$, p étant la pression dans la canalisation (pression dont le consommateur n'est pas maître). — Le trou du couvercle ayant une surface invariable, si V_1 était plus grand que le volume de gaz qui peut passer par ce trou dans le même temps et sous la pression $p - \dfrac{\pi}{s}$, ce serait ce trou qui deviendrait une sorte d'orifice de réglage; cette situation se réaliserait alors même que le couvercle déboucherait directement dans l'atmosphère, et elle existera *à fortiori* si la contre-pression, due à l'écoulement par un orifice supérieur, vient à diminuer la puissance de débit de l'orifice du couvercle. Une remarque analogue s'appliquerait à la limite maximum du débit *réglé* dans le rhéomètre humide à dépense arbitraire.

Tout ce que nous avons dit suppose évidemment que la pression dans le réseau a une valeur suffisante pour soulever la plaque d, hypothèse toujours réalisée dans la pratique.

La *fig.* 4, *Pl.* VII, représente une autre disposition du rhéomètre sec, dans laquelle le cône est placé au-dessous du disque.

RÉGULATEUR DE LABORATOIRE.

(Pl. IX, fig. 3, échelle 1/3.)

Lorsque, pour des expériences très-précises, on n'a à faire qu'une faible dépense de gaz, on peut employer un régulateur de pression comme celui de Clegg, si connu dans l'industrie gazière, en ayant soin toutefois d'annuler les effets de la variation de pression du gaz d'entrée. Le dispositif employé dans ce cas, comme le montre la *fig.* 3, est celui que nous avons décrit page 64, à propos du photo-rhéomètre.

Les manomètres B, B' indiquent la pression du gaz à l'entrée et à la sortie. — Les flèches indiquent les passages du gaz et le sens du courant.

Le tube en verre J sert à faire connaître le niveau du liquide dans le pied de l'appareil.

La tige creuse qui porte le cône communique avec l'espace sous la cloche par les trous ff percés sur cette tige.

On détermine à volonté la pression de marche, en ajoutant des poids sur la cloche.

Si on ne veut pas démonter le bassin supérieur pour introduire la glycérine dans le support, on peut la faire entrer par la partie supérieure du tube J, en enlevant le bouchon vissé dans la monture de ce tube.

Après ce que nous avons dit des rhéomètres et du photo-rhéomètre, il est inutile d'entrer dans plus de détails sur cet appareil, que la coupe axiale donnée *fig.* 3 permet facilement de comprendre.

RÉGULATEUR THERMOSTATIQUE.

(Fig. 4 et 4 *bis*, Pl. I, échelle 1/2.)

On a constamment besoin dans les laboratoires ou dans l'industrie de maintenir à une température invariable, des étuves, des bains de liquide, etc. Un rhéomètre humide à dépense arbitraire (*voir* page 62) suffit le plus souvent ; on le règle de façon que la température désirée soit obtenue ; puis le volume de gaz débité restant constant, il en est de même de la température, à moins de variations trop considérables dans la nature du gaz ou dans la température ambiante. Quand les expériences que l'on veut faire sont assez précises pour qu'il faille tenir compte des variations de température dues à ces causes, chaque expérimentateur crée à son usage un appareil, modification de types généralement connus, et n'arrive qu'à force d'attention et de soins à peu près au résultat qu'il désire.

Le modèle que nous proposons (*fig.* 4 et 4 *bis*, pl. I) est une combinaison du régulateur thermostatique, type Bunsen, et du rhéomètre.

L'appareil se compose de deux parties.

L'une (*fig.* 4) est un rhéomètre humide à dépense arbitraire qui porte deux tubulures A et B.

La tubulure A communique avec l'espace sous la cloche du rhéomètre. Cette tubulure est munie d'un robinet C.

La tubulure B communique avec l'espace au-dessus de la cloche.

Le rhéomètre est monté sur un pied D qui laisse arriver le gaz en E.

La tubulure F (recourbée ou droite suivant les cas) que porte le couvercle du rhéomètre fait arriver le gaz au brûleur qui chauffe l'étuve.

L'autre partie (*fig.* 4 *bis*) comprend un cylindre creux en cuivre G fermé en haut et en bas ; ce cylindre communique avec le tube H en verre par le raccord métallique K.

Le tube H renferme un flotteur I en verre qui porte à sa partie inférieure une aiguille conique J en aluminium, qui peut venir boucher en tout ou en partie l'orifice O situé dans une pièce métallique L placée à la partie supérieure de H et qui fait communiquer l'espace situé au-dessous de O avec l'espace situé au-dessus (1), c'est-à-dire le dessous de la cloche du rhéomètre par le tubulure N avec le dessus par la tubulure M.

M (*fig. 4 bis*) et B (*fig. 4*) communiquent par un tube en caoutchouc, de même N et A.

G et par suite H (*fig. 4 bis*) contiennent un liquide tel que la glycérine jusqu'à un certain niveau *n*. Un piston plongeur P manœuvré extérieurement par la tige Q permet à volonté de faire varier ce niveau.

Enfin G porte une tubulure R munie d'un robinet V à trois voies. La tubulure R est reliée par le collier à gorge S à un tube T qui débouche dans un espace fermé plein d'air (un ballon en verre, par exemple) situé dans l'étuve et participant par suite aux variations de température de celle-ci.

Supposons maintenant que l'on veuille mettre l'appareil en marche; on joint par un tube en caoutchouc le tube T au ballon plein d'air placé dans l'étuve; on met le robinet V dans la position que marque la *fig. 4 bis*, c'est-à-dire que l'air extérieur peut entrer librement dans le ballon placé dans l'étuve et dans le vase cylindrique G.

On ouvre alors le robinet C et l'on tourne la vis W du rhéomètre humide à dépense arbitraire, de façon que le volume de gaz qui brûle en sortant du rhéomètre donne à l'étuve la température désirée. On obtient facilement ce résultat après quelques tâtonnements. Dès que cette température est atteinte et conservée pendant quelque temps, on tourne de 180 degrés le robinet à trois voies V, et l'air du ballon de l'étuve ne communique plus avec l'atmosphère, mais avec l'espace compris dans le récipient G. Si la température vient à baisser dans l'étuve, l'air du ballon se contracte, le niveau de la glycérine descend dans le tube H, le flotteur J descend aussi et laisse autour de lui dans le trou O un passage plus grand au gaz qui va brûler sous l'étuve; au contraire, le trou O est bouché par l'obturateur J lorsque la température de l'étuve s'élève, et repousse la glycérine du récipient G dans le tube J.

Il faut encore faire une remarque sur la position à donner à l'aiguille J au moment de la mise en marche, car si l'on fait par exemple le réglage, au moment le plus chaud de la journée, ou si, pour une cause quelconque, on n'a à craindre que le refroidissement du milieu ambiant, il faut évidemment régler la position de l'aiguille J au moyen du plongeur P, de façon qu'elle vienne presque boucher O. Si l'on n'avait à craindre que des élévations de température dans le milieu ambiant, il faudrait au contraire, au commencement de l'expérience, engager seulement la pointe de J dans l'orifice O.

En résumé, le rhéomètre donne par le trou de sa cloche et celui que fait varier la vis W, un volume constant qui règle approximativement la température à un degré un peu inférieur à celui que l'on désire; l'appoint de correction est obtenu par le gaz qui, pris sous la cloche,

---

(1) On peut remplacer l'aiguille conique par un obturateur plan qui viendrait fermer plus ou moins le passage du gaz en se collant sur l'ouverture d'un tube remplaçant la pièce métallique L, tube par lequel passerait le gaz ; on peut enfin se servir de toute autre forme d'obturateur.

passe de C en N, autour de J en O, en M ,en B, et enfin sur la cloche du rhéomètre, d'où il va au brûleur.

Les régulateurs thermostatiques soulèvent tous une objection qui, sans être écartée par l'appareil que nous venons de décrire, a une portée beaucoup moindre; en effet, si le rhéomètre de la *fig.* 4 n'existait pas, on pourrait supposer le gaz arrivant en N et le brûleur placé directement au-dessus de M (il faudrait naturellement modifier la grandeur du passage O et de l'aiguille J), et l'on aurait, sauf les détails de forme et de matière, le type du régulateur *Bunsen*.

Voici alors ce qui se produirait.

Supposons la température réglée à une certaine valeur, si par suite d'un changement dans la composition du gaz, dans sa pression, dans la température ambiante, etc., l'étuve vient à se refroidir, l'air du ballon se contractera; l'aiguille J ouvrira le passage O, un volume plus considérable de gaz passera pour rétablir la température au degré primitif; mais dès qu'elle sera rétablie, l'air du ballon de l'étuve se trouvant dans la position initiale, les causes d'abaissement subsistant, la température va diminuer, puis, comme nous venons de le montrer, se relever, et ainsi de suite par une série d'oscillations.

Ces oscillations se produisent aussi dans l'appareil que nous venons de décrire; mais à cause du volume constant fourni par le rhéomètre, elles n'agissent que sur l'appoint ; leur influence est dès lors singulièrement amoindrie.

VALVE SOUTERRAINE.

Nous avons appris à rendre constant le régime de pression d'un réseau, c'est-à-dire à rendre la pression invariable en chaque point. Si le réseau est de niveau, nous savons aussi que ces pressions peuvent être rendues peu différentes d'un point à l'autre dans toute l'étendue de la canalisation. Mais si le périmètre éclairé a des parties élevées alimentées par un branchement principal distinct, la pression va s'accroître sur le plateau à raison de 0^{mm},83 par mètre de hauteur verticale à cause de la différence de densité de l'air et du gaz, et elle aura ainsi une valeur trop considérable.

On doit alors placer sur le branchement une valve que nous allons décrire sous le nom de *valve souterraine* et qui ramène cette pression à la valeur que l'on désire conserver.

Si la partie élevée de la ville est nettement séparée de l'autre et est elle-même à peu près de niveau, une seule valve placée à l'entrée du conduit dans le quartier élevé suffira (1).

S'il y avait plusieurs dénivellations nettes et assez considérables sur le parcours de cette

---

(1) On peut aussi, lorsque les dénivellations ne sont pas trop considérables, placer la valve dans la partie basse à l'origine du branchement.

conduite, il pourrait falloir autant de valves que de dénivellations. Enfin, si le terrain s'élevait en amphithéâtre d'une façon continue, il faudrait en placer de distance en distance.

L'appareil (1) se compose (*fig.* 2, *Pl.* VIII, échelle 1/10) d'un cylindre en fonte C dont le fond inférieur est fermé par une plaque de fonte D boulonnée sur le rebord du cylindre. Des regards V sont placés des deux côtés sur le cylindre C.

Le gaz entre par le tuyau A dans un autre cylindre E intérieur et concentrique à C. Au fond inférieur de E est pratiquée une ouverture circulaire G, qui laisse arriver le gaz de E dans C.

Le fond supérieur F, commun des cylindres E et C, est percé aussi d'une ouverture circulaire, dont le centre est sur la même verticale que le centre de G ; à cette ouverture et de même diamètre intérieur qu'elle, s'adapte un tube H ouvert à ses deux extrémités. L'extrémité supérieure de H dépasse un peu le fond supérieur d'un cylindre I complétement fermé, concentrique à H et s'appuyant comme lui sur F. Un bassin cylindrique P de même diamètre que C est boulonné sur F.

Une tige *a* supporte les parties mobiles, elle passe dans le tube cylindrique H. A cette tige sont liés invariablement :

1° Le cylindre concentrique *g* fermé par le haut, ouvert par le bas.

C'est dans ce cylindre que débouche le tube H par les trous *o* ; à l'extrémité supérieure du tube H est une bague dans laquelle passe librement la tige *a* ; c'est elle qui sert de guide au système mobile.

2° Le cylindre concentrique *h* plus grand que *g* ; *h* est ouvert par le bas, fermé par le haut sauf qu'il y reste un petit orifice rhéométrique *m*.

La tige *a* se termine au fond de ce cylindre.

3° Un tronc de cône *b* vissé à l'extrémité inférieure de cette tige *a*, qui peut, suivant les mouvements du système mobile, venir boucher en tout ou en partie le trou G.

La tige *a* est creuse ; son extrémité inférieure *f* débouche dans le cylindre C au-dessous du cône *b* ; à son extrémité supérieure, entre les fonds des cylindres *g* et *h*, sont percés sur cette tige deux trous *o'* qui laissent communiquer l'intérieur de *a* avec l'espace compris entre *g* et *h*. A la partie inférieure et autour de *h* est une boîte à air *i*, qui, immergée dans de la glycérine, équilibre à peu près le poids de tout le système mobile.

Revenons aux parties fixes.

Le bassin cylindrique P est fermé en haut par un couvercle boulonné Q qui laisse passer un cylindre K concentrique aux cylindres du système mobile. K est ouvert en bas fermé en haut ; il enveloppe le cylindre *h*, étant d'un diamètre plus grand que ce dernier. Il descend assez dans le bassin P pour que son bord inférieur soit notablement au-dessous du niveau T de la glycérine.

Un tube M, partant de l'origine du tuyau de sortie B, réunit l'espace C avec la partie supé-

---

(1) Nous indiquerons par des lettres majuscules les parties fixes et par des lettres minuscules les parties mobiles.

rieure de P. Un autre tube L part de l'espace K et aboutit à un brûleur ; sur le trajet de L on a placé un robinet R.

T, bouton de niveau pour le bassin P. L'appareil est tout entier sous le sol, dans une cavité ménagée pour le contenir. Les brides A et B se raccordent aux conduits dont il s'agit de régler la pression.

On verse de la glycérine dans le bassin P avant de fixer sur son rebord la pièce QK.

Le gaz entre en A dans le cylindre E, il passe par G autour du cône b dans le cylindre C. La pression qu'il exerce de haut en bas sur le cône est compensée par celle qu'il exerce de bas en haut sur le fond du cylindre g, où il pénètre en montant par le tube H (la section de g a la même surface que la base du cône) ; ainsi la pression d'entrée n'a pas d'action sur les mouvements du système mobile.

Le gaz contenu dans C est le gaz de sortie, l'action qu'il exerce de bas en haut sur la base du cône est compensée par celle qu'il exerce de haut en bas sur le fond du cylindre g, car le gaz de sortie passe par la tige creuse a dans l'espace compris entre les deux cylindres h et g, de façon que l'action motrice de la pression de sortie se réduit à ps exercée de bas en haut sur le fond supérieur du cylindre h,

p étant la pression de sortie rapportée à l'unité de surface,

s étant la surface de la section droite du cylindre h.

Le gaz passant par le trou rhéométrique m se répand dans l'espace K.

Soit p' la pression dans cet espace, pression rapportée à l'unité de surface.

Soit π le poids du système mobile, déduction faite de la poussée qu'il éprouve de la part du liquide (1), nous verrons plus loin qu'on peut regarder π comme constant, parce que la variation de poussée due à l'immersion du système est à négliger.

Le système mobile est en équilibre sous l'action de trois forces :

1° Le poids π, de haut en bas ;

2° La pression ps du gaz de sortie sur la partie intérieure du fond du cylindre h, de bas en haut.

3° La pression ps du gaz de l'espace k sur la partie extérieure du fond du cylindre k, de haut en bas ;

On a donc

$$\pi + p's = ps, \qquad \text{d'où} \qquad p - p' = \frac{\pi}{s}.$$

Donc si p' est constant, p le sera aussi. Or l'ouverture plus ou moins grande de R détermine p', puisque le volume de gaz qui passe en m et par suite en R est déterminé ; en effet, il s'écoule en m sous la pression constante $p - p'$.

On est donc libre, en ouvrant ou fermant R, de diminuer ou d'accroître p', ce qui, puisque

---

(1) Le poids π est déterminé de façon à correspondre à une pression de deux ou trois millimètres d'eau au plus. C'est le minimum de pression qu'on puisse atteindre avec la valve souterraine.

$p - p'$ est constant, agira sur p de la même manière. C'est l'application de ce que nous avons dit (page 59 et suivantes).

On peut donc amener, au moyen de R, la pression de sortie p à prendre la valeur qu'on veut qu'elle ait dans le réseau.

Pour rendre la manœuvre possible à l'extérieur, on place le robinet R dans l'endroit le plus convenable.

Arrêtons-nous un instant à la position des niveaux du liquide.

Le niveau est le même à l'extérieur de K dans le bassin P qu'entre les deux cylindres h et g, car, à cause du tube de communication M, c'est la pression p qui s'exerce sur ces deux niveaux ; entre h et K le niveau s'élève un peu, et la dénivellation étant exprimée par $p - p'$ est constante. Entre I et g le niveau s'abaisse de $p'' - p$, p'' étant la pression d'entrée.

Le cylindre I a pour but de rendre très-petite, par rapport à la surface de liquide sur laquelle s'exerce la pression p, la section de liquide qui se dénivelle de $p''-p$, de façon que les dénivellations n'agissent pas sensiblement sur le niveau dans le bassin P, et qu'en tous cas il ne puisse s'élever jusqu'à l'orifice du tube M.

Le tronc du cône b étant très-aplati, les mouvements du système mobile sont très-petits pour des changements considérables de débit ; cette circonstance, jointe à la constance du niveau dans P autour de K, et la minceur des parois du cylindre, permettent de négliger, sans erreur appréciable, les variations de poids du système mobile dues à sa position dans le liquide. C'est ce que nous avions annoncé précédemment.

Si l'on fait communiquer par M le cylindre C avec l'espace supérieur du bassin P, c'est pour que la pression y devenant p, rende la dénivellation moins considérable, ce qui permet de réduire au minimum les dimensions verticales de l'appareil.

Pour la pose de la valve souterraine, on coupe la conduite maîtresse sur un espace qui permet d'intercaler la valve et de raccorder l'entrée du gaz en A, la sortie en B. On remplit de glycérine épurée le bassin P, après avoir déboulonné et enlevé pour cette opération la pièce supérieure K. On replace cette pièce et on laisse passer le gaz dans l'appareil. Enfin, ainsi que nous l'avons expliqué, on règle la pression dans le réseau par le degré d'ouverture du robinet R qui laisse arriver le gaz à un brûleur.

Si l'on veut annuler l'appareil, on ferme le robinet R, l'appareil se met à fond et laisse passer toute la pression.

COMPARAISON DU RHÉOMÈTRE ET DU RÉGULATEUR DE PRESSION.

Nous ne croyons pas devoir terminer cette étude sans dire un mot de la différence qui sépare les régulateurs de pression des rhéomètres : 1° au point de vue de la disposition matérielle, 2° au point de vue de l'effet produit.

1° DISPOSITION MATÉRIELLE.

Régulateur de pression,
dérivé du type de Clegg.

L'air libre entre dans l'appareil, et la cloche se meut dans l'air atmosphérique.

Pour arriver au brûleur, le gaz traverse un seul orifice de réglage.

Cet orifice est une soupape conique, qui *doit* nécessairement être suspendue au-dessous de la cloche, et avant l'entrée du gaz sous la cloche elle-même.

Il est de condition essentielle que le courant de gaz ne passe pas au-dessus de la cloche. — Par conséquent, on ne peut faire de *régulateur sec*, qu'en remplaçant la cloche par une membrane souple, imperméable au gaz, et sur laquelle agira directement la pression atmosphérique.

Rhéomètre.

L'air libre n'entre pas dans l'appareil, et la cloche ne se meut pas entre l'air et le gaz, mais dans une atmosphère de gaz.

Pour arriver au brûleur, le gaz traverse deux orifices de réglage.

L'un de ces orifices est une soupape conique, qui peut indifféremment être placée au-dessous ou au-dessus de la cloche.

L'autre orifice sert à prendre le gaz sous la cloche et à le ramener au-dessus ; c'est l'orifice *jaugeur*.

Il est de condition essentielle que le courant de gaz passe au-dessus de la cloche. Par conséquent, on peut faire un *rhéomètre sec* en entier métallique, en remplaçant la cloche par un disque autour duquel passe le gaz, et sur lequel n'agit pas *directement* la pression atmosphérique.

2° EFFET DES DEUX INSTRUMENTS.

Régulateur de pression.

C'est un régulateur de pression.

Il ne détermine pas la dépense qui va se faire dans l'unité de temps ; avec chaque brûleur la dépense changera.

Il établit un régime de pression unique pour tous les brûleurs.

Par suite :

1° Si l'on change de brûleur, on change de dépense ;

2° Pour conserver une même dépense avec des brûleurs différents, il faut modifier la pression sous laquelle le gaz arrive au bec,

Rhéomètre.

C'est un régulateur de volume.

Il détermine la dépense qui va se faire dans l'unité de temps ; avec tous les brûleurs, la dépense restera la même.

Il établit pour chaque brûleur un régime de pression différent.

Par suite :

1° Si l'on change de brûleur on ne change pas de dépense ;

2° Le rhéomètre modifie automatiquement la pression sous laquelle le gaz arrive au bec et la rend ce qu'elle doit être, pour

c'est-à-dire augmenter ou diminuer le poids placé sur la membrane ;

3° On ne peut savoir d'avance ce que dépensera un brûleur.

que la dépense voulue ait toujours lieu ;

3° On sait d'avance que *tous les brûleurs* placés sur des rhéomètres de même numéro feront la même dépense.

En résumé :

Le régulateur rend constante la pression à un bec donné, mais pour tous les brûleurs elle reste la même. Dans ces conditions, le volume débité dépend de l'orifice du brûleur.

Le régulateur de pression permet uniquement de prendre sous la cloche *un volume variable sous une pression constante.*

En résumé :

Le rhéomètre rend constante la pression à un bec donné, mais pour chaque brûleur elle change. Dans ces conditions, le volume débité devient indépendant de l'orifice du brûleur.

Le rhéomètre permet de prendre, même à la fois :

Sous la cloche, *un volume variable sous une pression constante ;*

Sur la cloche, *un volume constant sous une pression qui varie* avec l'orifice final d'écoulement.

Cette situation répond à un seul des cas d'utilisation industrielle des courants fluides, liquides ou gazeux.

Cette situation répond *à tous les cas* d'utilisation industrielle des courants fluides, même pour la vapeur et les écoulements à haute pression.

Indépendamment de ce que nous avons déjà dit en parlant de l'auto-extincteur, le parallèle qui précède a son importance, en ce qu'il permet de saisir facilement sous tous ses aspects, l'action d'un appareil sans précédent et auquel par conséquent la pratique n'est pas habituée.

Les *fig.* 1 et 1 *bis* de la *Pl.* VIII rendent cette action matériellement sensible. La flamme et les brûleurs sont représentés à l'échelle de 1/10. Voici l'expérience que nous avons représentée dans ce dessin.

Sur une rampe recevant le gaz sous 100 mill. de pression, on place un rhéomètre réglé à 140 litres, et un régulateur de pression (Sugg, Hulett, etc.) dont la membrane souple est chargée d'un poids tel que le gaz arrive au brûleur sous une pression de 3 mill. — Si l'on choisit maintenant :

1° Un Bengel de 40 jets ;

2° Un bouton à fente de 4/10 de mill. ;

3° Un bec bougie à un seul trou de 1 mill. ;

4° Un bouton en stéatite à fente de 1/4 de mill.,

et qu'on place successivement ces quatre brûleurs sur le régulateur de pression, puis sur le rhéomètre, on voit que, si le régulateur a maintenu la pression constante à chacun d'eux, c'est en faisant faire aux brûleurs des dépenses différentes. — On voit aussi que, si le rhéomètre a fait faire à ces quatre brûleurs la même dépense de 140 litres, c'est en modifiant la pression *au bec* pour chacun d'eux.

Nous avons dit au début que lorsqu'il s'agit d'un seul bec, ce qu'il faut régler, c'est non pas la pression à ce bec, mais le volume à lui faire dépenser. On trouvera dans notre *Traité*, (1ʳᵉ part. p. 49) un tableau de *moyennes de variation*, qui nous semble mettre ce principe hors de toute discussion.

De plus, lorsqu'il s'agit des becs de l'éclairage public, ce même tableau donne la mesure de l'intérêt qu'a une ville à l'observation de ce principe. On voit, en effet, que, pour le bec à fente de 6/10 de millimètre par exemple, 1 mill. de pression de moins au brûleur correspond à une diminution de lumière de 1 *bougie* 55/100, tandis qu'un litre de moins dans la dépense diminue la lumière produite de 9/100 *de bougie* seulement.

Ces relations montrent toute la supériorité d'action du rhéomètre sur le régulateur Sugg et ses imitations; car la moindre altération de souplesse de la membrane peut produire des variations de pression au bec de 1 mill., et le rhéomètre réglé à une dépense déterminée ne peut plus s'écarter de cette même dépense; en supposant cependant que cet écart ait lieu, il faudra qu'il s'élève à 10 ˡⁱᵗ. 92 pour représenter une différence de 1 bougie de lumière; et la pratique et l'expérience nous ont enseigné qu'un résultat pareil n'est pas à redouter.

Enfin le régulateur Sugg, alors même qu'il ne subirait d'altération d'aucune sorte, est complétement impuissant à corriger l'effet des petites différences d'orifice, inévitables dans toute fabrication de becs. Or ces différences sont assez sensibles, et nous avons constaté maintes fois que des boutons fendus du même numéro, et sortant de la même fabrique, ne font pas du tout la même dépense, alors même qu'ils sont soumis à la même pression ; les écarts sont de plus de 5 0/0 en dessus et en dessous de la dépense moyenne.

Avec le rhéomètre, ces nuances de fabrication deviennent tout à fait sans importance d'aucune sorte, car elles n'agissent plus que sur la forme de la flamme.

FIN.

PARIS. — Imprimerie de GAUTHIER-VILLARS, quai des Grands-Augustins, 55.

APPAREILS ET FIGURES THÉORIQUES — RÉGULATEUR THERMOSTATIQUE.

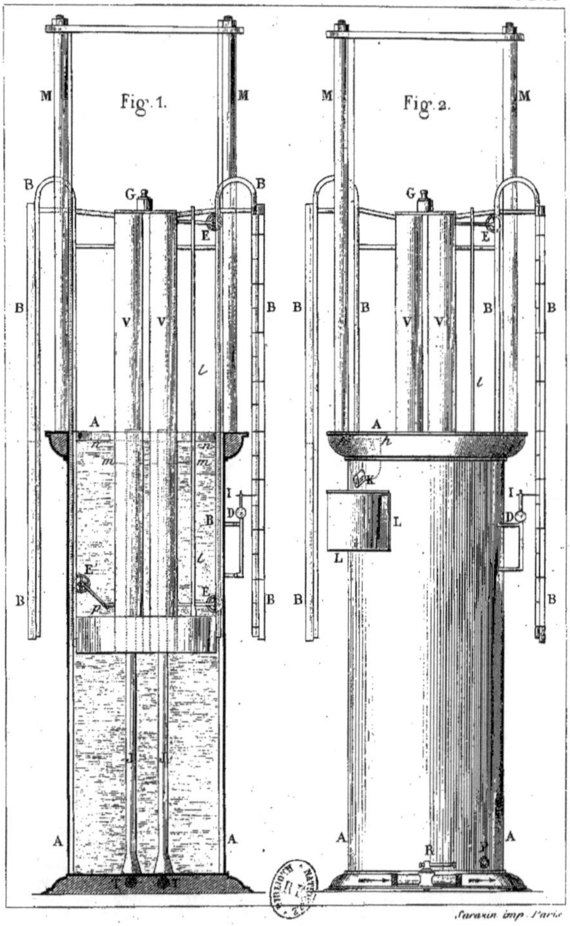

GAZOMÈTRE JAUGEUR

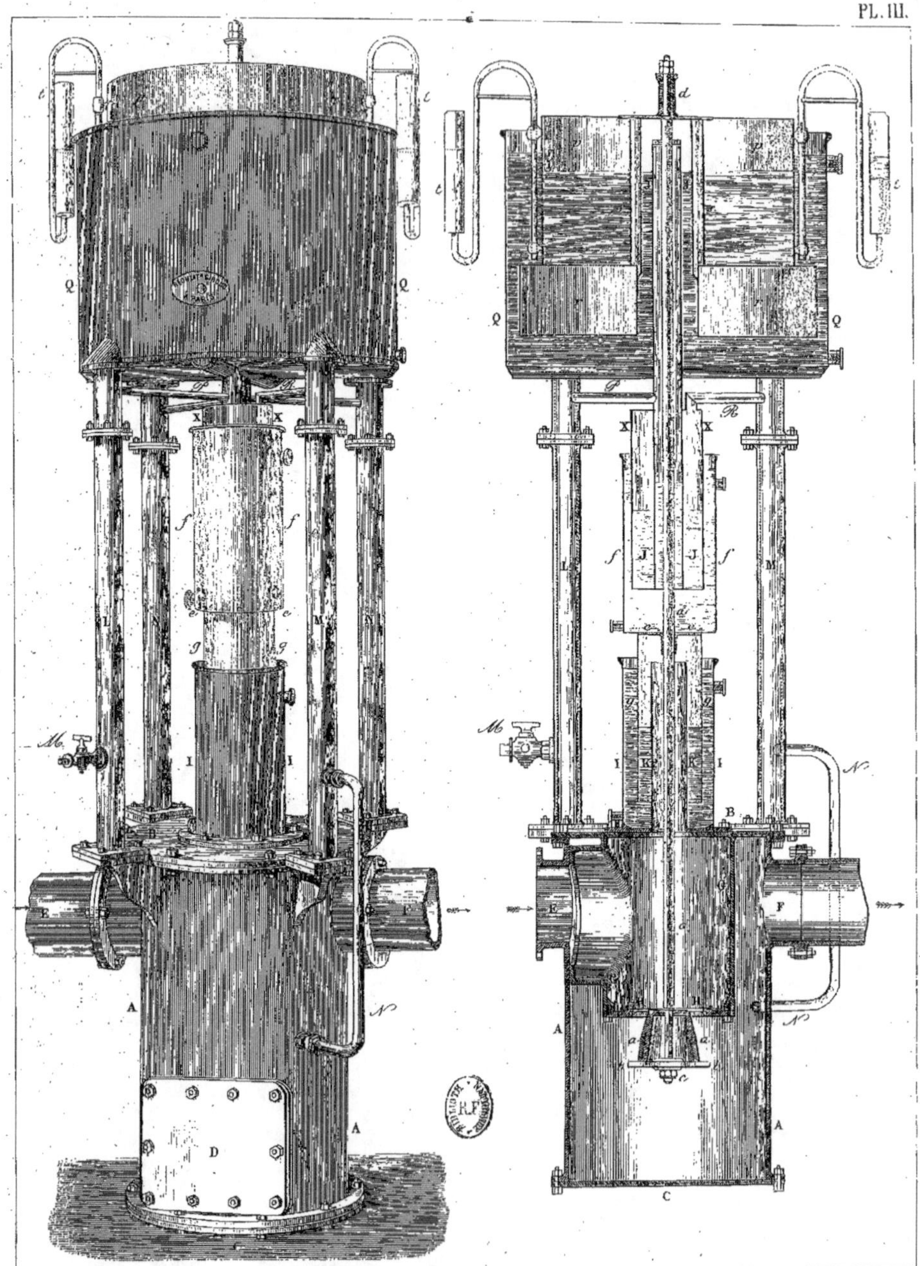
Sarazin. imp. Paris.

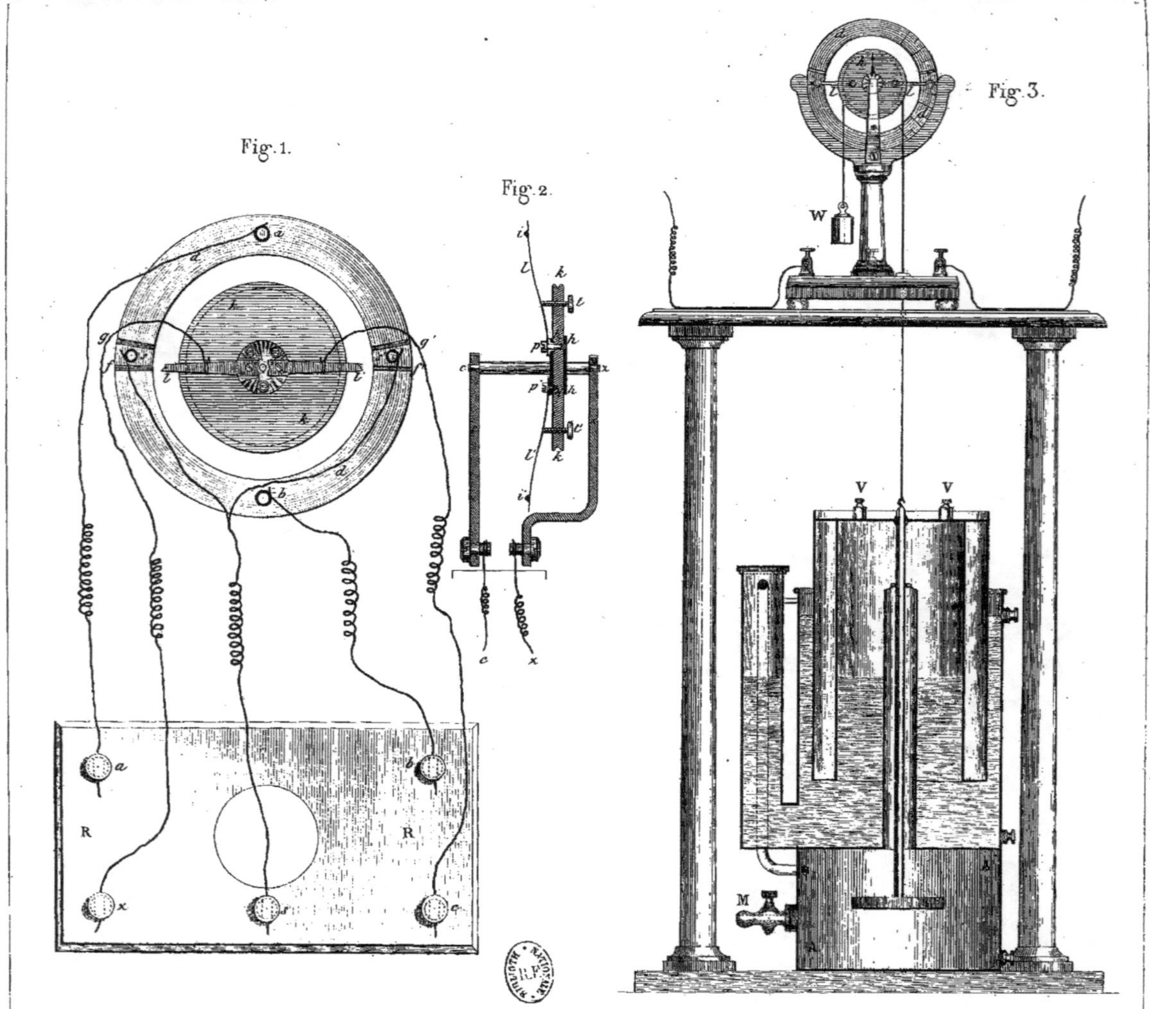

MANOMÈTRE À CONTACTS ÉLECTRIQUES

ROUAGE

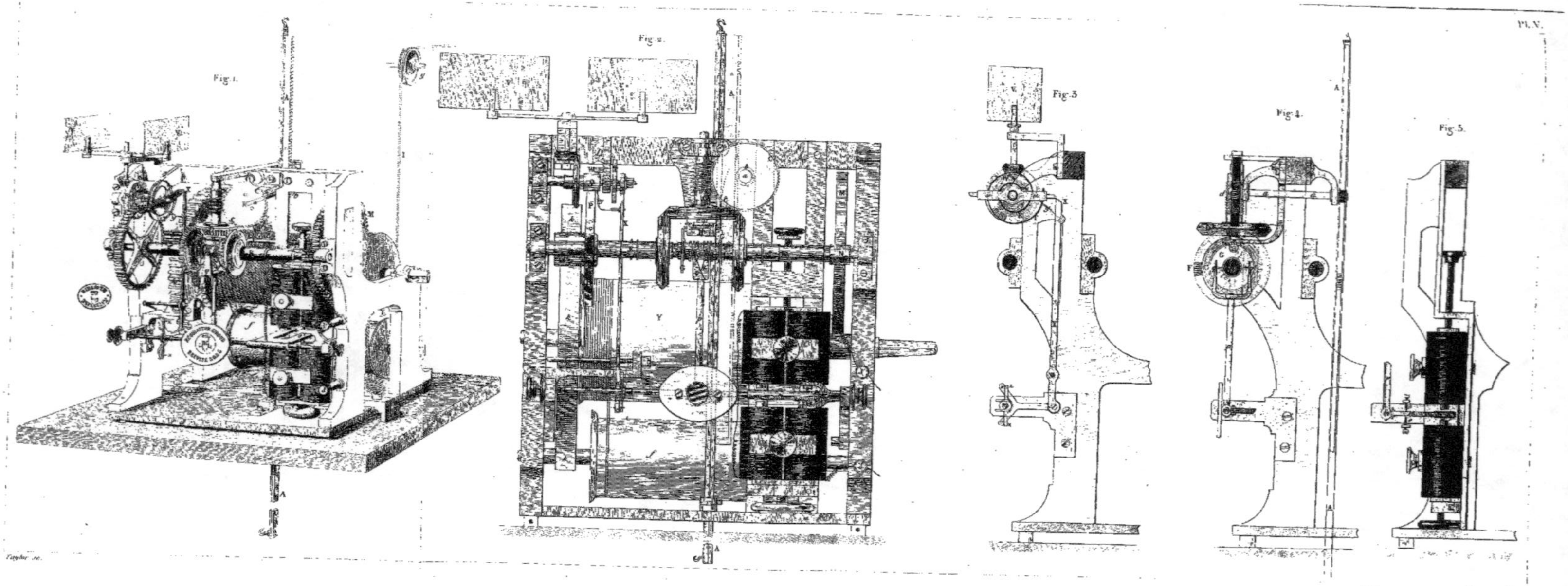

Fig.1.

Fig.2.

Fig.3.

Fig.4.

Fig.5.

Pl.IV.

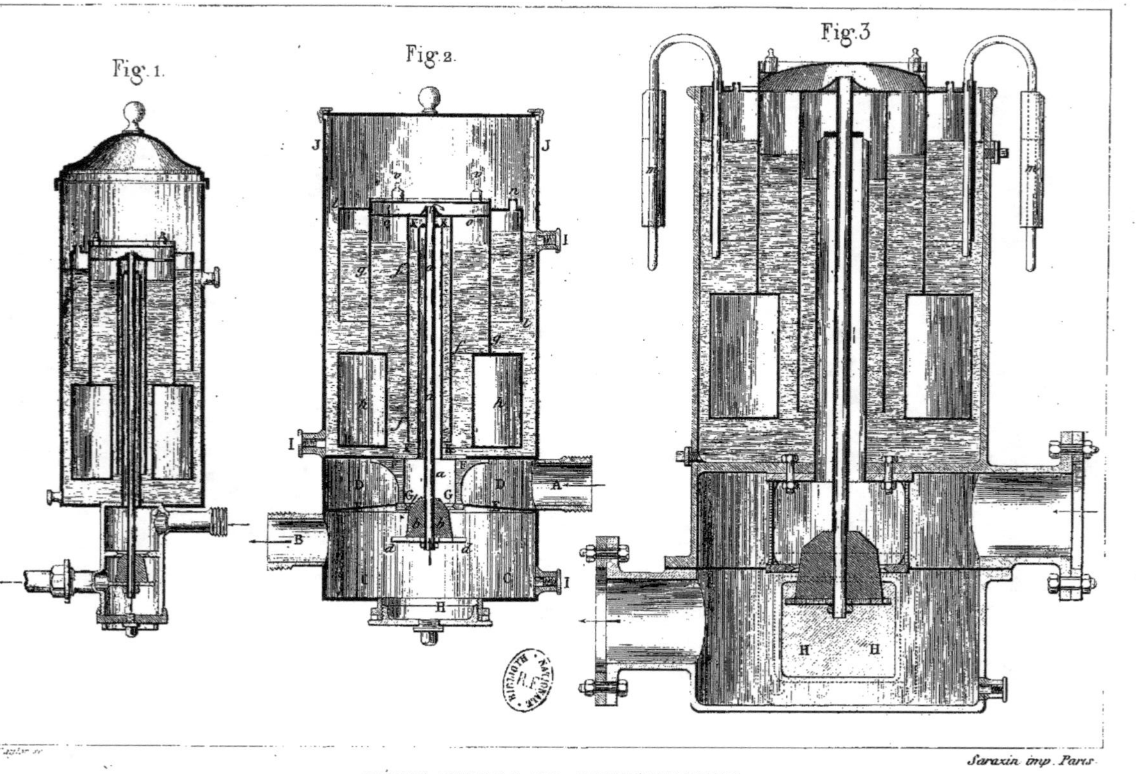

RÉGULATEURS DE CONSOMMATION

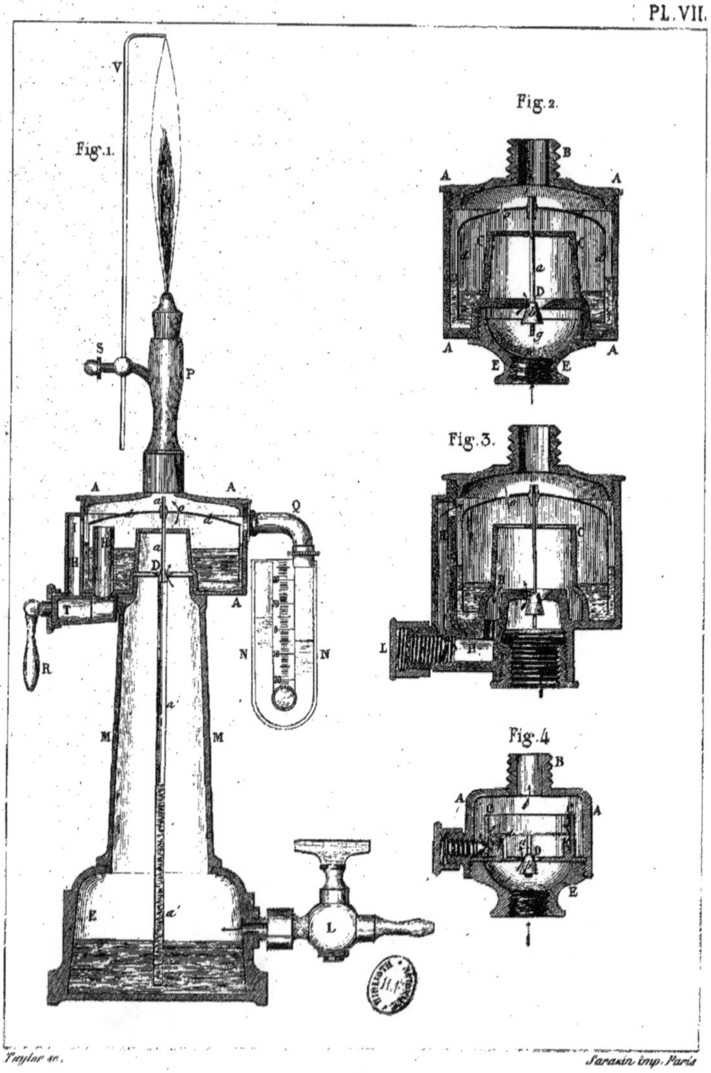
Fig. 1.
V
S
P
A
A
Q
A
T
R
N
N
M
M
E
L
Fig. 2.
B
A
A
D
A
A
E
E
Fig. 3.
L
Fig. 4
B
A
A
D
E
Taylor sc.
Sarazin imp. Paris

RHÉOMÈTRES

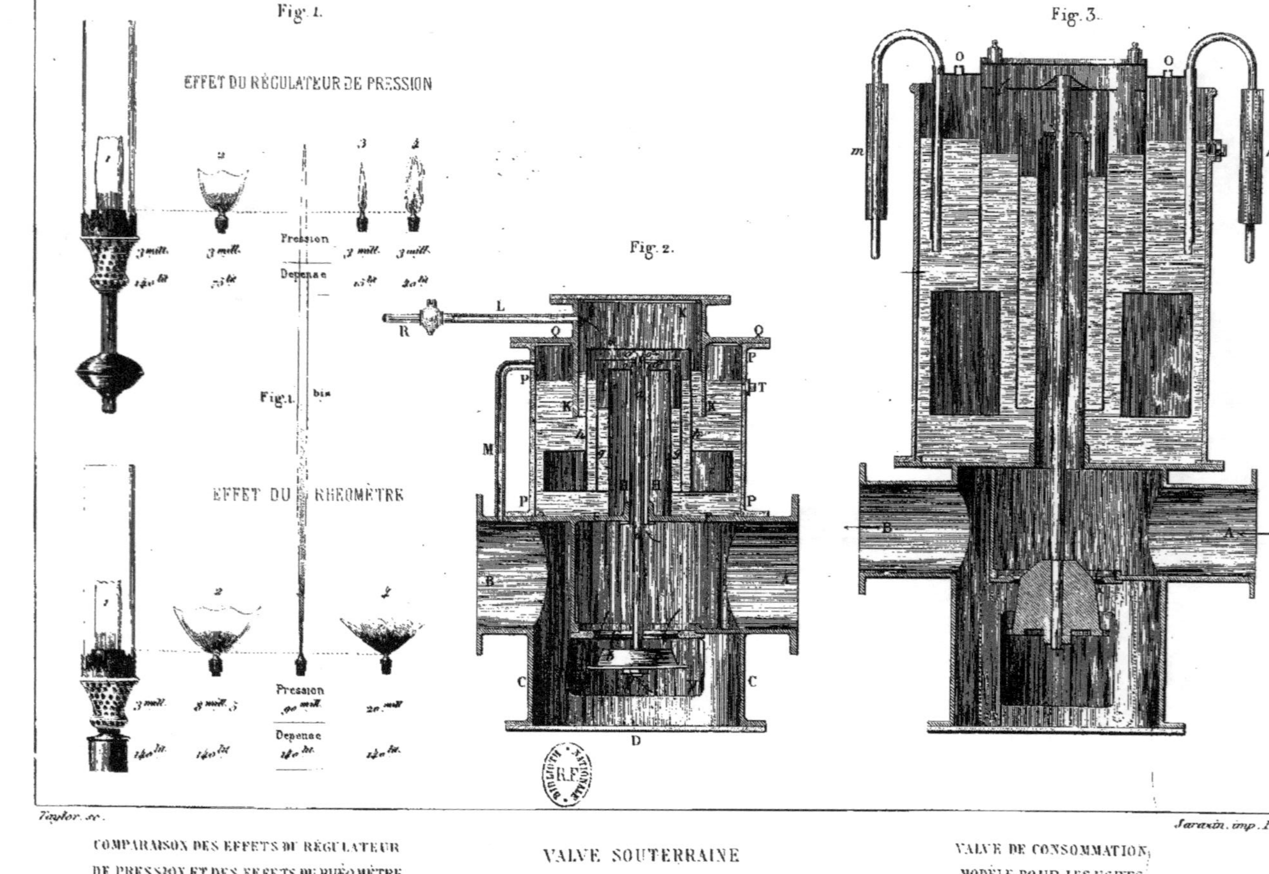

COMPARAISON DES EFFETS DU RÉGULATEUR
DE PRESSION ET DES EFFETS DU RHÉOMÈTRE

VALVE SOUTERRAINE

VALVE DE CONSOMMATION,
MODÈLE POUR LES USINES

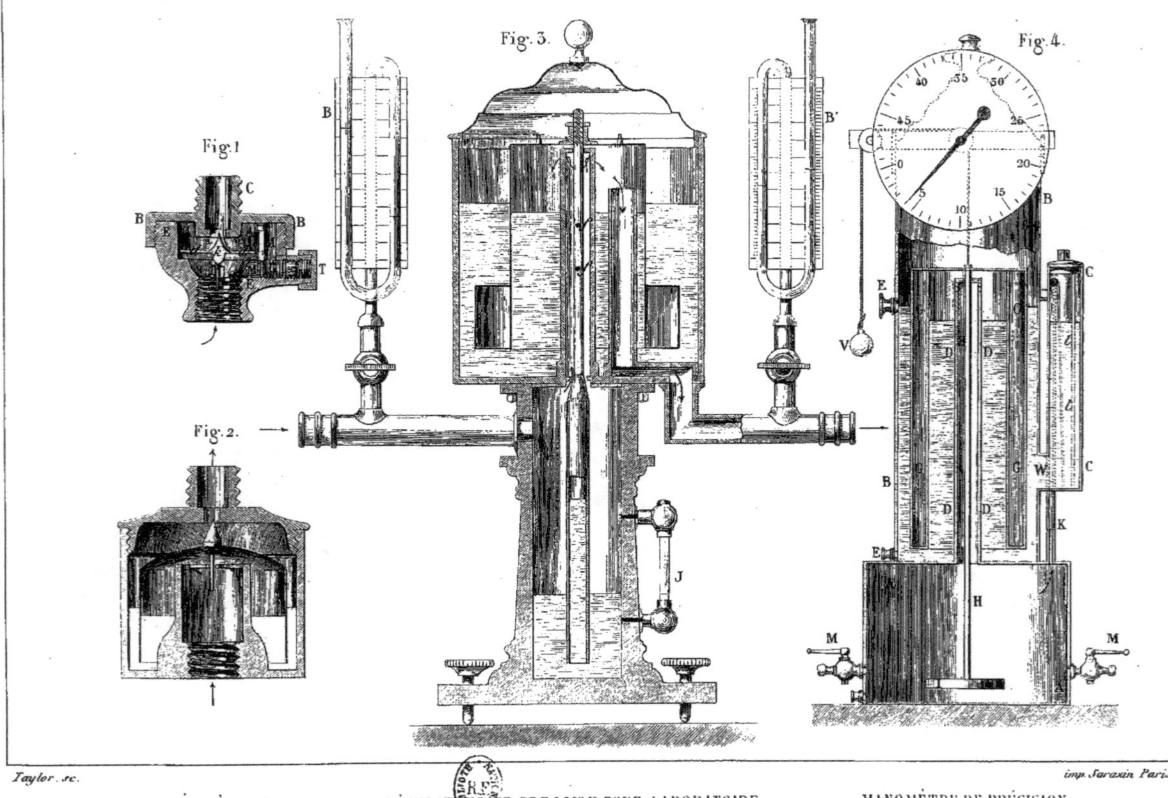

Fig. 1.
Fig. 2.
Fig. 3.
Fig. 4.
Taylor. sc.
imp. Saraxin Paris
RHÉOMÈTRES
RÉGULATEUR DE PRESSION POUR LABORATOIRE
MANOMÈTRE DE PRÉCISION